상위권 도약을 위한
길라잡이

# 왕수학

## 실력편

대한민국 수학학력평가의 새로운 기준!!

# KMA
# 한국수학학력평가

| **시험일자** **상반기** | 매년 6월 셋째주
**하반기** | 매년 11월 셋째주

| **응시대상** **초등 1년 ~ 중등 3년** (미취학생 및 상급학년 응시 가능)

| **응시방법** KMA 홈페이지 접수 또는 각 지역별 학원접수처 방문 접수

성적우수자 특전 및 시상 내역 등 기타 자세한 사항은 KMA 홈페이지를 참조하세요.

홈페이지 바로가기
(www.kma-e.com)

▶ 본 평가는 100% 오프라인 평가입니다.

주최 | 한국수학학력평가연구원          주관 | (주)에듀왕

상위권 도약을 위한
길라잡이

# 왕수학

실력편

1-2

# 구성과 특징

## ▮ 왕수학의 특징

1. **왕수학 개념+연산** → **왕수학 기본** → **왕수학 실력** → **점프 왕수학 최상위** 순으로 단계별·난이도별 학습이 가능합니다.

2. 개정교육과정 100% 반영하였습니다.

3. 기본 개념 정리와 개념을 익히는 기본문제를 수록하였습니다.

4. 문제 해결력을 키우는 다양한 창의사고력 문제를 수록하였습니다.

5. 논리력 향상을 위한 서술형 문제를 강화하였습니다.

고고씽!

STEP 3

## 기본 유형 다지기

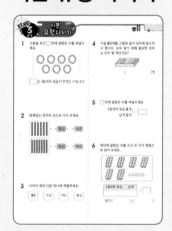

학교 시험에 잘 나오는 문제들과 신경향문제를 해결하면서 자신감을 갖도록 하였습니다.

STEP 2

## 기본 유형 익히기

교과서와 익힘책 수준의 문제를 유형별로 풀어 보면서 기초를 튼튼히 다질 수 있도록 하였습니다.

출발!

STEP 1

## 개념 확인하기

교과서의 내용을 정리하고 이와 관련된 간단한 확인문제로 개념을 이해하도록 하였습니다.

도착!

서둘러!

왕수학
최상위

STEP 5

## 응용 실력 높이기

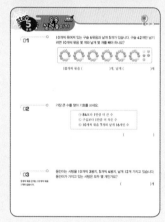

다소 난이도 높은 문제로 구성
하여 논리적 사고력과 응용력을
기르고 실력을 한 단계 높일 수
있도록 하였습니다.

## 단원평가

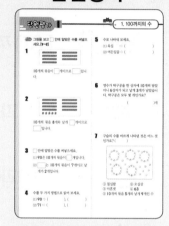

서술형 문제를 포함한 한 단원을
마무리하면서 자신의 실력을
종합적으로 확인할 수 있도록
하였습니다.

STEP 4

## 응용 실력 기르기

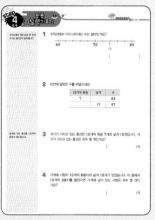

기본 유형 다지기보다 좀 더
수준 높은 문제로 구성하여
실력을 기를 수 있게 하였
습니다.

어서와!

# 차례 | Contents

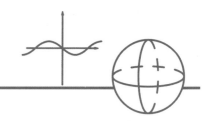

# 단원 1 100까지의 수

## 이번에 배울 내용

**1 몇십 알아보기**

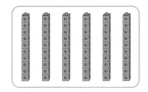
10개씩 묶음 **6**개를 **60**이라고 합니다.

**60**(육십, 예순)

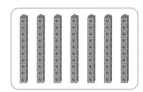
10개씩 묶음 **7**개를 **70**이라고 합니다.

**70**(칠십, 일흔)

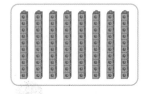
10개씩 묶음 **8**개를 **80**이라고 합니다.

**80**(팔십, 여든)

10개씩 묶음 **9**개를 **90**이라고 합니다.

**90**(구십, 아흔)

**2 99까지의 수 알아보기**

✽ 몇십몇 알아보기

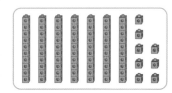
10개씩 묶음 **7**개와 낱개 **8**개를 **78**이라고 합니다.

⇨ **78**(칠십팔, 일흔여덟)

**3 수를 넣어 이야기하기**

✽ 수를 상황에 알맞게 표현하기
• 같은 수라도 수가 사용되는 상황에 따라 여러 가지 방법으로 표현할 수 있습니다.
• **59**의 여러 가지 표현
– 나는 구슬을 쉰아홉 개 가지고 있습니다.
– 버스 번호는 오십구 번입니다.
– 올해 할머니는 쉰아홉 살입니다.
– 나는 동화책을 오십구 쪽까지 읽었습니다.

**확인문제**

**1** 수를 세어 쓰고 읽어 보세요.

| 쓰기 | | |
|------|---|---|
| 읽기 | | |

**2** □ 안에 알맞은 수를 써넣으세요.

10개씩 묶음 **8**개를 [    ]이라고 합니다.

**3** 그림을 보고 □ 안에 알맞은 수를 써넣으세요.

10개씩 묶음 **6**개와 낱개 **4**개를 [    ]라고 합니다.

**4** 알맞게 선으로 이어 보세요.

[73] • • 육십팔 • • 예순여덟

[68] • • 칠십삼 • • 여든넷

[84] • • 팔십사 • • 일흔셋

**4 수의 순서 알아보기**

✻ 수의 순서 알아보기

수를 순서대로 쓸 때 바로 앞의 수는 1만큼 더 작은 수이고, 바로 뒤의 수는 1만큼 더 큰 수입니다.

73 ── 74 ── 75

1만큼 더 작은 수    1만큼 더 큰 수

✻ 100 알아보기

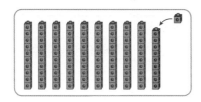

99보다 1만큼 더 큰 수를 100이라고 합니다.

100은 백이라고 읽습니다.

**5 수의 크기 비교하기**

✻ 10개씩 묶음의 수가 다를 때에는 10개씩 묶음의 수가 클수록 큰 수입니다.

✻ 10개씩 묶음의 수가 같을 때에는 낱개의 수가 클수록 큰 수입니다.

㈜ 67 > 59        82 < 86
   ‾6>5‾            ‾2<6‾

**6 짝수와 홀수 알아보기**

✻ 2, 4, 6, 8, 10과 같이 둘씩 짝을 지을 수 있는 수를 짝수라고 합니다.

 ⇨ 8은 둘씩 짝을 지을 수 있으므로 짝수입니다.

✻ 1, 3, 5, 7, 9와 같이 둘씩 짝을 지을 수 없는 수를 홀수라고 합니다.

 ⇨ 7은 둘씩 짝을 지을 수 없으므로 홀수입니다.

✻ 짝수는 낱개의 수가 0, 2, 4, 6, 8인 수이고, 홀수는 낱개의 수가 1, 3, 5, 7, 9인 수입니다.

---

**확인문제**

**5** □ 안에 알맞은 수를 써넣으세요.

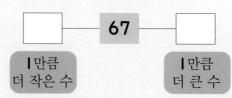

| | 67 | |

1만큼 더 작은 수        1만큼 더 큰 수

**6** 수를 순서대로 쓴 것입니다. ㉠에 알맞은 수를 쓰고, 읽어 보세요.

97 ── 98 ── 99 ── ㉠

(          ), (          )

**7** 두 수의 크기를 비교해 보세요.

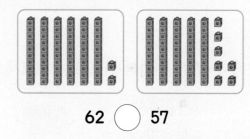

62 ◯ 57

· 62는 57보다 ( 큽니다 , 작습니다 ).

· 57은 62보다 ( 큽니다 , 작습니다 ).

**8** 수를 쓰고 짝수인지 홀수인지 ◯ 하세요.

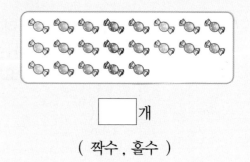

☐ 개

( 짝수 , 홀수 )

몇십 알아보기

□ 안에 알맞은 수를 써넣으세요.

10개씩 묶음이 □개이므로 □입니다.

**1-1** □ 안에 알맞은 수를 써넣으세요.

(1) 10개씩 묶음이 □개이면 **60**입니다.

(2) 10개씩 묶음이 □개이면 **90**입니다.

**1-2** 같은 수끼리 선으로 이어 보세요.

| 10개씩 묶음 **7**개 | • | • 팔십 • | • 일흔 |

| 10개씩 묶음 **8**개 | • | • 칠십 • | • 여든 |

**1-3** 영수는 색종이를 **60**장 사려고 합니다. **10**장씩 묶음으로만 판매하는 색종이를 사려면 몇 묶음을 사야 하나요?

( )묶음

**99**까지의 수 알아보기

빈칸에 알맞은 수를 써넣으세요.

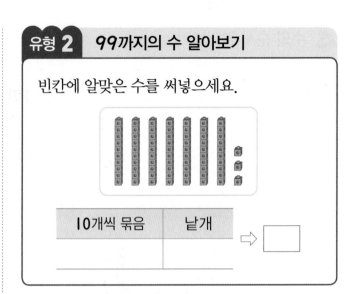

| 10개씩 묶음 | 낱개 | ⇨ □ |
| --- | --- |
| | |

**2-1** 그림을 보고 □ 안에 알맞은 수를 써넣으세요.

10개씩 묶음 □개와 낱개 □개를 □이라고 합니다.

**2-2** □ 안에 알맞은 수를 써넣으세요.

(1) 10개씩 묶음 **6**개와 낱개 **7**개이면 □입니다.

(2) **94**는 10개씩 묶음이 □개이고 낱개가 □개입니다.

**2-3** 수를 읽어 보세요.

| 76 |

( ), ( )

**2-4** 수로 나타내 보세요.

(1) 육십팔 ⇨ (                    )

(2) 아흔넷 ⇨ (                    )

---

유형 **3**  **수를 넣어 이야기하기**

☐ 안에 알맞은 말을 써넣으세요.

| 마을 버스 | |
|---|---|
| 버스 | 사람 수 |
| 82번 | 25명 |

82번 마을버스에는 25명이 타고 있어요.

82 ⇨ [          ], 25 ⇨ [          ]

**3-1** 수에 알맞은 말을 써넣어 이야기를 완성해 보세요.

(1) [ 70 ] ⇨ 기차 한 칸에 [      ]명이 탈 수 있습니다.

(2) [ 59 ] ⇨ 동물원에 원숭이 [      ] 마리가 살고 있어요.

**3-2** 알맞은 말에 ○ 하세요.

(1) 하루 동안 사과 ( 구십칠, 쉰다섯 )개 를 땄습니다.

(2) 도서관에 가려면 ( 오십육, 일흔다섯 ) 번 버스를 타야 합니다.

---

유형 **4**  **수의 순서 알아보기**

☐ 안에 알맞은 수를 써넣으세요.

[                    ]    [                    ]    [                    ]

53보다 I만큼 더 작은 수는 [      ]이고,

I만큼 더 큰 수는 [      ]입니다.

**4-1** ☐ 안에 알맞은 수를 써넣으세요.

(1) 65보다 I만큼 더 작은 수는 [      ] 이고, I만큼 더 큰 수는 [      ]입니다.

(2) 79보다 I만큼 더 작은 수는 [      ] 이고, I만큼 더 큰 수는 [      ]입니다.

**4-2** ☐ 안에 알맞은 수를 써넣으세요.

86과 88 사이의 수는 [      ]입니다.

**4-3** ☐에 알맞은 수를 써넣으세요.

☐보다 I만큼 더 작은 수는 92입니다.

(                    )

**4-4** 79와 85 사이에 있는 수는 모두 몇 개 인가요?

( )개

**4-5** 순서에 맞게 빈 곳에 알맞은 수를 써넣으세요.

(1)

(2)

**4-6** 93부터 수를 순서대로 쓰려고 합니다. ㉠에 알맞은 수를 쓰고 읽어 보세요.

( ), ( )

**4-7** 빈 곳에 알맞은 수를 써넣으세요.

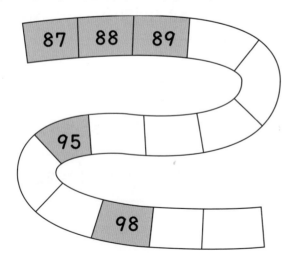

유형 **5** 수의 크기 비교하기

그림을 보고 알맞은 말에 ○ 하세요.

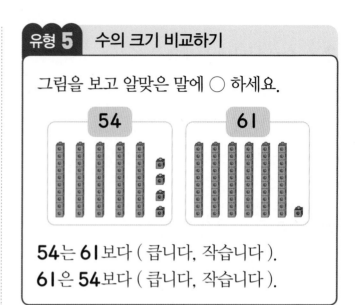

54는 61보다 ( 큽니다, 작습니다 ).
61은 54보다 ( 큽니다, 작습니다 ).

**5-1** 두 수의 크기를 비교하여 ○ 안에 >, < 를 알맞게 써넣으세요.

(1) 87 ◯ 76　　(2) 64 ◯ 68

**5-2** 다음을 읽어 보세요.

(1) 78 > 57

⇨ _____

(2) 68 < 97

⇨ _____

**5-3** 다음을 >, <를 사용하여 나타내세요.

(1) 91은 88보다 큽니다.

⇨ ( )

(2) 71은 76보다 작습니다.

⇨ ( )

**5-4** 더 큰 수를 찾아 기호를 쓰세요.

> ㉠ 10개씩 묶음이 6개, 낱개가 9개
> 인 수
> ㉡ 10개씩 묶음이 7개, 낱개가 2개
> 인 수

( )

**5-5** 두 수의 크기를 바르게 비교한 것을 모두 골라 보세요. ( )

① 71>76 ② 69>77
③ 82<93 ④ 90<64
⑤ 81>78

**5-6** 가장 큰 수에 ○ 하세요.

| 78 | 91 | 84 |
|---|---|---|

**5-7** 가장 작은 수에 △ 하세요.

| 72 | 69 | 63 |
|---|---|---|

**5-8** 색종이를 영수는 78장, 동민이는 75장 모았습니다. 색종이를 더 많이 모은 사람은 누구인가요?

( )

**유형 6**  짝수와 홀수 알아보기

□ 안에 ♥의 수가 짝수이면 '짝', 홀수이면 '홀'을 써넣으세요.

⇨ □

**6-1** 짝수를 모두 찾아 ○ 하세요.

| 21 | 36 | 19 | 28 |
|---|---|---|---|
| 50 | 33 | 27 | 14 |

**6-2** 홀수를 모두 찾아 ○ 하세요.

| 19 | 26 | 38 | 41 |
|---|---|---|---|
| 20 | 37 | 15 | 24 |

**6-3** 짝수는 ○, 홀수는 △ 하세요.

| 8 | 19 | 2 | 12 |
|---|---|---|---|
| 27 | 24 | 7 | 33 |
| 11 | 13 | 16 | 21 |
| 30 | 15 | 28 | 37 |

**1** 그림을 보고 □ 안에 알맞은 수를 써넣으세요.

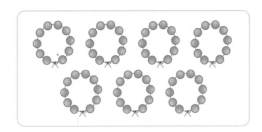

□ 은 10개씩 묶음이 **7**개인 수입니다.

**2** 관계있는 것끼리 선으로 이어 보세요.

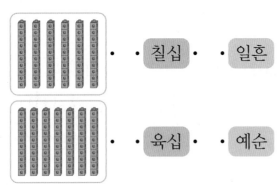

· · 칠십 · · 일흔

· 육십 · · 예순

**3** 나머지 셋과 다른 하나에 색칠하세요.

80   구십   여든   팔십

**4** 구슬 **80**개를 그림과 같이 상자에 담으려고 합니다. 모두 담기 위해 필요한 상자는 모두 몇 개인가요?

(         )개

**5** □ 안에 알맞은 수를 써넣으세요.

10개씩 묶음 **8**개 ⎤
⎥ ⇨ □
낱개 **5**개 ⎦

**6** 빈칸에 알맞은 수를 쓰고 두 가지 방법으로 읽어 보세요.

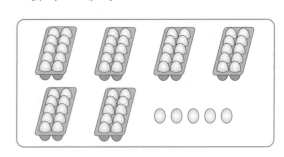

| 10개씩 묶음 | 낱개 |
|---|---|
|  |  |

⇨ □

읽기 (      ), (      )

**7** 수를 바르게 읽지 <u>않은</u> 것은 어느 것인가요? (       )

① 61 – 육십일 – 예순하나
② 73 – 칠십삼 – 일흔셋
③ 88 – 팔십여덟 – 여든팔
④ 79 – 칠십구 – 일흔아홉
⑤ 94 – 구십사 – 아흔넷

**8** 같은 수끼리 선으로 이어 보세요.

| 육십구 · | · 82 · | · 여든둘 |
| 칠십팔 · | · 78 · | · 예순아홉 |
| 팔십이 · | · 69 · | · 일흔여덟 |

**9** 책장에 있던 동화책을 한 상자에 10권씩 담았더니 6상자가 되고 7권이 남았습니다. 책장에 있던 동화책은 모두 몇 권인가요?

(            )권

**10** 유승이와 수빈이가 마라톤 경기를 보면서 나누는 대화입니다. 잘못 읽은 수는 어느 것인가요? (       )

① 유승 : 수빈아, 육십오 번 선수가 우리 나라 선수랬지?
② 수빈 : 맞아. 저 선수야, 열여덟 살이래.
③ 유승 : 어린 나이에 대단하다. 지금 앞에서 세 번째에 있어.
④ 수빈 : 그리고 앞에서 일곱 번째 있는 선수도 우리 나라 선수래.
⑤ 유승 : 여든일 번 선수 말이구나. 힘껏 응원하자!

**11** 알맞은 말에 ○ 하세요.

> 행복도서관
>
> 행복로 64

행복로 ( 육십사, 예순넷 )에는 행복도서관이 있습니다.

**12** 관계있는 것끼리 선으로 이으세요.

| 영화 관람 인원 53명 · | · 오십삼 |
| 자리 번호 53번 · | · 쉰셋 |

**13** 수를 바르게 읽은 사람은 누구인가요?

> 영호 : 교실에는 동화책이 칠십팔 권있
> 습니다.
> 윤아 : 운동장에는 어린이 육십일 명이
> 있습니다.
> 수미 : 버려진 빈 병을 예순세 개 모았
> 습니다.

(             )

**14** 빈 곳에 알맞은 말을 써넣으세요.

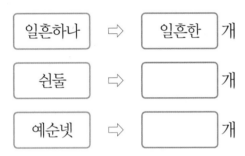

| 일흔하나 | ⇨ | 일흔한 | 개 |
| 쉰둘 | ⇨ | | 개 |
| 예순넷 | ⇨ | | 개 |

**15** 수의 순서에 맞도록 빈 곳에 알맞은 수를 써넣으세요.

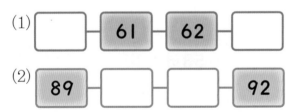

(1) ☐ — 61 — 62 — ☐

(2) 89 — ☐ — ☐ — 92

**16** 빈 곳에 알맞은 수를 써넣으세요.

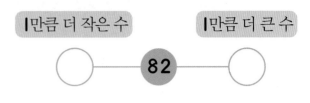

| I만큼 더 작은 수 | | I만큼 더 큰 수 |

○ — 82 — ○

**17** 주어진 수보다 I만큼 더 큰 수에 ○, I만큼 더 작은 수에 △ 하세요.

(1) 90 — 80, 91, 89, 65, 100

(2) 75 — 85, 74, 58, 76, 95

**18** 수를 순서대로 이어 그림을 완성해 보세요.

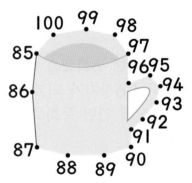

100   99   98   97   96   95   94   93   92   91   90   89   88   87   86   85

**19** 관계있는 것끼리 선으로 이어 보세요.

| 85보다 I만큼 더 작은 수 | 82보다 I만큼 더 큰 수 | 86보다 I만큼 더 작은 수 |

83   84   85

**20** 주어진 수와 알맞은 자리를 이어 보세요.

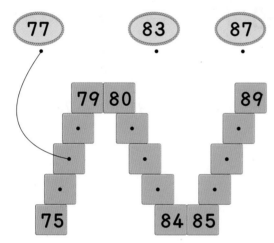

77   83   87

79 80    89

75    84 85

**21** 상자를 번호대로 쌓아 두었는데 상자의 번호가 지워졌습니다. 번호가 없는 상자에 번호를 써넣으세요.

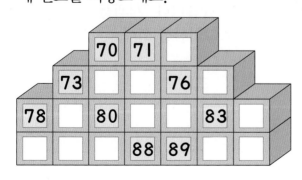

70 71
73    76
78   80   83
88 89

**22** 100이 <u>아닌</u> 수를 찾아 기호를 쓰세요.

> ㉠ 99보다 I만큼 더 큰 수
> ㉡ 90보다 I0만큼 더 작은 수
> ㉢ I0개씩 묶음이 I0개인 수

(                    )

**23** 은행에서 가영이가 뽑은 번호표는 87번이고 영수가 뽑은 번호표는 93번입니다. 가영이와 영수가 뽑은 번호표 사이에 있는 번호표는 모두 몇 장인가요?

(                    )장

**24** 그림을 보고 ☐ 안에 알맞은 수를 써넣으세요.

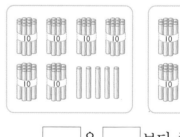

☐ 은 ☐ 보다 큽니다.

☐ 는 ☐ 보다 작습니다.

**25** ○ 안에 >, <를 알맞게 써넣으세요.

(1) 84 ◯ 77

(2) 62 ◯ 69

**26** 주어진 수보다 큰 수를 찾아 ○ 하세요.

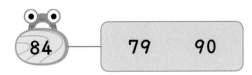

84 — 79    90

**27** 가장 큰 수에 ○, 가장 작은 수에 △ 하세요.

(1)

| 77 | 85 | 61 |

(2)

| 92 | 94 | 97 |

**28** 다음 중 84보다 큰 수를 모두 찾아 쓰세요.

| 77 | 86 | 97 | 83 |

(                    )

**29** 가장 큰 수를 찾아 기호를 쓰세요.

| ㉠ 85 | ㉡ 구십이 |
| ㉢ 78 | ㉣ 예순다섯 |

(                    )

**30** 가장 큰 수부터 차례대로 기호를 쓰세요.

| ㉠ 84 | ㉡ 89 |
| ㉢ 91 | ㉣ 73 |

(                    )

**31** 과수원에서 사과를 동민이는 **75**개, 웅이는 **82**개 땄고 영수는 동민이보다 **1**개 더 많이 땄습니다. 사과를 가장 많이 딴 순서대로 이름을 쓰세요.

(                    )

**32** 거북이는 갈림길에서 가장 큰 수가 적힌 길로만 가야 합니다. 거북이가 가야 하는 길을 찾아 선으로 표시해 보세요.

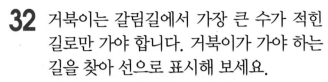

**33** □ 안에 알맞은 수를 써넣으세요.

| 16 23 32 47 |

홀수 : □ , □

짝수 : □ , □

**34** 짝수에 ○, 홀수에 △ 하세요.

| 15 40 28 19 31 26 |

**35** 다음 중 짝수가 <u>아닌</u> 것을 모두 골라 보세요. (          )

① 24        ② 9

③ 14        ④ 38

⑤ 11

**36** 과일 가게에 있는 과일의 수입니다. 과일의 수가 홀수인 과일을 모두 쓰세요.

| 과일 | 참외 | 사과 | 배 | 귤 |
|---|---|---|---|---|
| 과일의 수(개) | 30 | 41 | 28 | 57 |

(                        )

**37** 수를 순서에 맞게 쓸 때, ㉠에 알맞은 수는 짝수와 홀수 중 어느 것인가요?

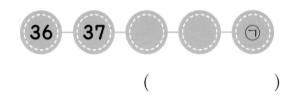

(                        )

**38** 다음 중 나타내는 수가 짝수인 것을 찾아 기호를 쓰세요.

㉠ 마흔일곱

㉡ 10개씩 묶음의 수가 5, 낱개의 수가 4인 수

㉢ 10개씩 묶음의 수와 낱개의 수가 각각 3인 수

(                        )

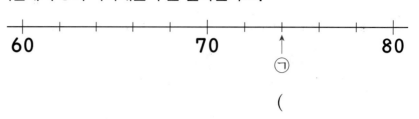

수직선에서 작은 눈금 한 칸의 크기는 얼마인지 알아봅니다.

**1** 수직선에서 ㉠이 나타내는 수는 얼마인가요?

60        70        ↑        80
㉠

(               )

**2** 빈칸에 알맞은 수를 써넣으세요.

| 10개씩 묶음 | 낱개 | 수 |
| --- | --- | --- |
| 7 | | 83 |
| | 17 | 97 |

낱개로 있는 풍선을 10개씩 묶어서 세어 봅니다.

**3** 석기가 가지고 있는 풍선은 10개씩 묶음 7개와 낱개 15개입니다. 석기가 가지고 있는 풍선은 모두 몇 개인가요?

(               )개

**4** 가게에 사탕이 10개씩 8봉지와 낱개 15개가 있었습니다. 이 중에서 10개씩 3봉지를 팔았다면 가게에 남아 있는 사탕은 모두 몇 개인가요?

(               )개

**1** 단원

등 번호는 일번, 이번, 삼번, ……으로 읽고, 줄넘기를 넘은 횟수는 한 번, 두 번, 세 번, ……으로 읽습니다.

**5** 수를 읽는 방법이 다른 것을 찾아 기호를 쓰세요.

> 도윤 : 나의 등 번호는 **54**번이야.
> 시우 : 줄넘기를 **54**번 넘었어.
> 예준 : 비행기로 부산까지 **54**분 걸린다고 해.

(                    )

**6** 수를 바르게 읽은 것을 찾아 기호를 쓰세요.

> 우리 가족은 ㉠ **85**번 마을버스를 타고 건물 입구에 내려서 엘리베이터를 타고 ㉡ **60**층 전망대에 올라갔습니다. 전망대에는 관람객이 ㉢ **90**명쯤 있었습니다.
>
> ㉠ 여든다섯          ㉡ 예순          ㉢ 아흔

(                    )

**7** 0부터 9까지의 숫자 중에서 ☐ 안에 들어갈 수 있는 숫자는 모두 몇 개인가요?

> 75 < ☐4

(                    )개

**8** 짝수와 홀수로 구분하여 ○ 안에 알맞은 수를 각각 써넣으세요.

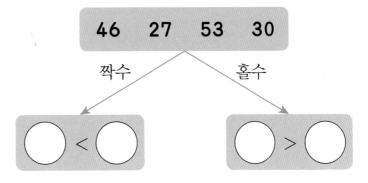

46    27    53    30

짝수          홀수

○ < ○          ○ > ○

수 카드를 이용하여 만들 수 있는 수를 모두 알아봅니다.

**9** 3장의 수 카드 중에서 2장을 골라 몇십몇을 만들려고 합니다. 물음에 답하세요.

3    4    8

(1) 만들 수 있는 몇십몇은 모두 몇 개인가요?

(                    )개

(2) 만들 수 있는 몇십몇 중 짝수는 몇 개인가요?

(                    )개

(3) 만들 수 있는 몇십몇 중 홀수는 몇 개인가요?

(                    )개

**10** 10개씩 묶음 9개와 낱개 2개인 수와 96 사이에 있는 수는 모두 몇 개인가요?

(                    )개

낱개가 ⬜△ 개인 수는 10개씩 묶음이 ⬜개, 낱개가 △ 개인 수와 같습니다.

**11** 빈 곳에 알맞은 수를 써넣으세요.

**12** 두 수 사이에 있는 수가 더 많은 쪽에 ○표 하세요.

| 67 | 75 |
|---|---|

| 94 | 100 |
|---|---|

(          )          (          )

**13** 74와 82 사이에 있는 수가 <u>아닌</u> 것에 ×표 하세요.

| 칠십팔 | 여든하나 | 72보다 10만큼 더 큰 수 |

(      )   (      )     (      )

**14** ☐ 안에 들어갈 수 있는 숫자를 모두 찾아 ○ 하세요.

(1) 72 > ☐ 6 ⇨ ( **4**, **5**, **6**, **7**, **8** )

(2) 65 < 6☐ ⇨ ( **4**, **5**, **6**, **7**, **8** )

60보다 크고 70보다 작은 수
는 6☐입니다.

**15** 다음에서 설명하는 수를 구하세요.

> • 60보다 크고 70보다 작습니다.
> • 10개씩 묶음의 수가 낱개의 수보다 2 큽니다.

(               )

10개씩 묶음의 수가 같으면
낱개의 수를 비교합니다.

**16** 지혜네 모둠 학생들이 넘은 줄넘기 횟수를 나타낸 것입니다. 물음에
답하세요.

| 이름 | 지혜 | 상연 | 웅이 | 동민 |
|------|------|------|------|------|
| 줄넘기 횟수(번) | 47 | 8☐ | 58 | 5☐ |

(1) 지혜와 상연이 중에서 줄넘기를 더 많이 넘은 사람은 누구인가요?

(            )

(2) 동민이는 웅이보다 줄넘기를 더 많이 했습니다. 동민이가 넘은
줄넘기 횟수는 몇 번인가요?

(           )번

**01**

10개씩 묶여져 있는 구슬 **6**묶음과 낱개 **5**개가 있습니다. 구슬 **42**개만 남기려면 10개씩 묶음 몇 개와 낱개 몇 개를 빼야 하나요?

10개씩 묶음 (            )개, 낱개 (         )개

**02**

가장 큰 수를 찾아 기호를 쓰세요.

> ㉠ **84**보다 **1**만큼 더 큰 수
> ㉡ 구십보다 **1**만큼 더 작은 수
> ㉢ 10개씩 묶음 **7**개와 낱개 **16**개인 수

(            )

**03**

5개씩 묶음 **2**개는 10개씩 묶음 **1**개와 같습니다.

동민이는 사탕을 10개씩 **3**봉지, **5**개씩 **4**봉지, 낱개 **12**개 가지고 있습니다. 동민이가 가지고 있는 사탕은 모두 몇 개인가요?

(            )개

**04** 색종이가 10장씩 묶음 8개와 낱개 15장 있습니다. 이 중에서 10장씩 묶음 2개와 낱개 3장을 사용한다면 남는 색종이는 몇 장인가요?

(           )장

**05** 지우의 일기를 읽고 알맞은 말에 ◯ 하세요.

> 202*년 **월 **일    날씨 : 맑음
>
> 우리 가족은 엘리베이터 대신 계단 걷기를 하였다. 우리 집까지 ( 구십육, 아흔여섯 )개 계단을 오르니 다리는 아팠지만, 기분은 좋았다. 게시판을 통해 우리 아파트에는 계단 걷기를 실천하는 가족이 ( 육십팔, 예순여덟 )가족이 있다는 사실을 알게 되었다.

**06** 수를 넣어 이야기를 완성하려고 합니다. ㉠, ㉡에 알맞은 말을 쓰세요.

| 시티투어버스 | |
| --- | --- |
| 탑승 장소 | 정원 |
| 광장로 65 | 86명 |

⇨ 시티투어버스는 광장로 ㉠ 에서 탈 수 있고, 탑승 정원은 ㉡ 명입니다.

㉠ : (          ), ㉡ : (          )

**07**

• 짝수 : 둘씩 짝을 지을 수 있는 수
• 홀수 : 둘씩 짝을 지을 수 없는 수

10보다 크고 25보다 작은 홀수는 30보다 크고 40보다 작은 짝수보다 몇 개 더 많나요?

(            )개

**08**

다음에서 설명하는 수는 모두 몇 개인가요?

> • 60과 70 사이에 있는 수입니다.
> • 10개씩 묶음의 수가 낱개의 수보다 작습니다.

(            )개

**09**

■와 ▲ 사이에 있는 수는 모두 몇 개인가요?

> • ■는 87보다 1만큼 더 큰 수입니다.
> • ▲는 10개씩 묶음 7개와 낱개 23개인 수입니다.

(            )개

**10**

한초네 모둠 학생들의 수학 점수입니다. **4**명의 점수가 모두 다를 때, 점수가 가장 높은 사람부터 차례대로 이름을 쓰세요.

| 이름 | 한초 | 예슬 | 석기 | 동민 |
|---|---|---|---|---|
| 점수(점) | 8▢ | 90 | 9△ | 89 |

(                                    )

**11**

▢ 안에 들어갈 수 있는 수 중에서 낱개의 수가 **4**인 수를 모두 구하세요.

$$52 < ▢ < 84$$

(                                    )

**12**

**5**장의 수 카드 중에서 **2**장을 뽑아 몇십몇을 만들려고 합니다. 만들 수 있는 수 중에서 **50**보다 크고 **65**보다 작은 수는 모두 몇 개인가요?

50보다 크고 65보다 작은 수는 10개씩 묶음의 수가 5 또는 6입니다.

(                          )개

그림을 보고 □ 안에 알맞은 수를 써넣으세요. [1~2]

**1**

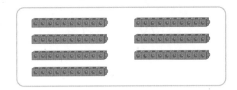

10개씩 묶음이 □ 개이므로 □ 입니다.

**2**

10개씩 묶음 **8**개와 낱개 □ 개이므로 □ 입니다.

**3** □ 안에 알맞은 수를 써넣으세요.

(1) **90**은 10개씩 묶음이 □ 개입니다.

(2) □ 는 10개씩 묶음이 **7**개이고 낱개가 **2**개입니다.

**4** 수를 두 가지 방법으로 읽어 보세요.

(1) **90** ⇨ ( ), ( )

(2) **71** ⇨ ( ), ( )

**5** 수로 나타내 보세요.

(1) 육십 ⇨ ( )

(2) 여든일곱 ⇨ ( )

**6** 영수가 탁구공을 한 상자에 **10**개씩 담았더니 **6**상자가 되고 낱개 **3**개가 남았습니다. 탁구공은 모두 몇 개인가요?

( )개

**7** 구슬의 수를 바르게 나타낸 것은 어느 것인가요? ( )

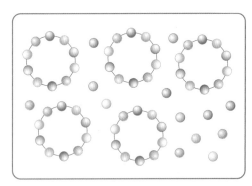

① 칠십팔 　　② 오십삼

③ 아흔넷 　　④ **63**

⑤ 10개씩 묶음 **5**개와 낱개 **9**개인 수

**8** 오렌지 86개를 한 봉지에 10개씩 담아서 팔려고 합니다. 팔지 못하는 오렌지는 몇 개인가요?

(           )개

**9** ☐ 안에 알맞은 말을 [보기]에서 골라 써넣으세요.

> **보기**
> 쉰다섯      오십오

(1) 독도로 가는 배는 승객 ☐ 명이 탈 수 있습니다.

(2) 행복공원은 생긴 지 ☐ 년이 되었습니다.

**10** 수를 읽는 방법이 같은 것을 모두 찾아 ○ 하세요.

| 58살 생일 | 58번 버스 | 58명 모집 |

**11** 짝수에 ○, 홀수에 △ 하세요.

| 20 | 19 | 36 | 41 |
| 35 | 52 | 48 | 17 |

**12** 다음 중 홀수가 <u>아닌</u> 것을 모두 골라 보세요. (        )

① 35     ② 28     ③ 31
④ 22     ⑤ 47

**13** ☐ 안에 알맞은 수를 써넣으세요.

(1)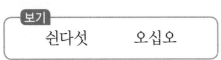

| 1만큼 더 작은 수 | | 1만큼 더 큰 수 |
| ☐ | 89 | ☐ |

(2) 74와 76 사이의 수

| 74 | ☐ | 76 |

**14** 다음 중 65와 82 사이에 있는 수가 <u>아닌</u> 것을 모두 골라 보세요. (        )

① 71     ② 80     ③ 82
④ 65     ⑤ 78

**15** 두 수의 크기를 비교하여 ○ 안에 >, < 를 알맞게 써넣으세요.

(1) **56** ○ **91**

(2) **79** ○ **75**

**16** 가장 큰 수와 가장 작은 수를 차례대로 쓰세요.

| 81 | 90 | 59 | 94 |

( ), ( )

**17** □ 안에 들어갈 수 <u>없는</u> 숫자는 어느 것인가요? ( )

**56<□5**

① **5** ② **6** ③ **7**
④ **8** ⑤ **9**

**18** **1**부터 **9**까지의 숫자 중 □ 안에 들어갈 수 있는 숫자는 모두 몇 개인가요?

**□1은 64보다 큽니다.**

( )개

**19** 곰 인형은 **10**개씩 묶음 **6**개, 강아지 인형은 **10**개씩 묶음 **3**개와 낱개 **8**개가 있습니다. 인형은 모두 몇 개인지 풀이 과정을 쓰고 답을 구하세요.

풀이 _____

_____

_____

_____

_____

답 _____개

**20** 가영이는 초콜릿을 **69**개 가지고 있고, 규형이는 초콜릿을 **10**개씩 묶음 **6**개와 낱개 **12**개 가지고 있습니다. 누가 초콜릿을 더 많이 가지고 있는지 풀이 과정을 쓰고 답을 구하세요.

풀이 _____

_____

_____

_____

답 _____

# 단원 2 덧셈과 뺄셈(1)

## 이번에 배울 내용

**1** 세 수의 덧셈

$$3 + 2 = 5$$
$$5 + 3 = 8$$

$$3 + 2 + 3 = 8$$
$$5$$
$$8$$

세 수의 덧셈은 두 수 더하기를 **2**번 하여 계산합니다.

**2** 세 수의 뺄셈

$$5 - 1 = 4$$
$$4 - 3 = 1$$

$$5 - 1 - 3 = 1$$
$$4$$
$$1$$

세 수의 뺄셈은 앞에서부터 두 수씩 차례로 계산합니다.

**3** 10이 되는 더하기

＊ 이어 세는 방법으로 알아보기

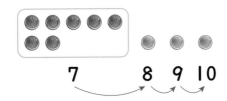

$$7 \qquad 8 \; 9 \; 10$$

빨간색 구슬 **7**개에서부터 파란색 구슬의 수만큼 이어 세어 보면 **10**개입니다. ⇨ **7＋3＝10**

＊ 두 수를 바꾸어 더하기

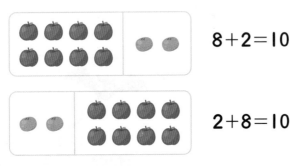

$$8＋2＝10$$

$$2＋8＝10$$

두 수를 바꾸어 더해도 합은 **10**으로 같습니다.

**확인문제**

**1** □ 안에 알맞은 수를 써넣으세요.

$$4 + 3 + 2 = \boxed{\phantom{0}}$$
$$4 + 3 = \boxed{\phantom{0}}$$
$$\boxed{\phantom{0}} + 2 = \boxed{\phantom{0}}$$

**2** □ 안에 알맞은 수를 써넣으세요.

$$9 - 2 - 4 = \boxed{\phantom{0}}$$
$$9 - 2 = \boxed{\phantom{0}}$$
$$\boxed{\phantom{0}} - 4 = \boxed{\phantom{0}}$$

**3** 그림을 보고 □ 안에 알맞은 수를 써넣으세요.

$$6＋4＝\boxed{\phantom{0}}$$

**4** 두 수를 바꾸어 더해 보세요.

$$6＋4＝\boxed{\phantom{0}}$$

$$4＋6＝\boxed{\phantom{0}}$$

## ✽ 10이 되는 여러 가지 덧셈식

$$1+\boxed{9}=10 \qquad 2+\boxed{8}=10 \qquad 3+\boxed{7}=10$$
$$4+\boxed{6}=10 \qquad 5+\boxed{5}=10 \qquad 6+\boxed{4}=10$$
$$7+\boxed{3}=10 \qquad 8+\boxed{2}=10 \qquad 9+\boxed{1}=10$$

배가 **8**개 있습니다. 배가 **10**개가 되려면 **2**개가 더 있어야 합니다. ➡ $8+\boxed{2}=10$

## 4 10에서 빼기

✽ 거꾸로 세는 방법으로 10에서 빼기

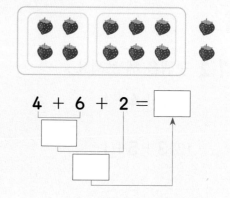

사탕이 **10**개 있습니다. 이 중에서 **4**개를 먹으면 **6**개가 남습니다. ➡ $10-4=\boxed{6}$

✽ 10에서 빼는 여러 가지 뺄셈식

$$10-\boxed{1}=9 \qquad 10-\boxed{2}=8 \qquad 10-\boxed{3}=7$$
$$10-\boxed{4}=6 \qquad 10-\boxed{5}=5 \qquad 10-\boxed{6}=4$$
$$10-\boxed{7}=3 \qquad 10-\boxed{8}=2 \qquad 10-\boxed{9}=1$$

## 5 10을 만들어 더하기

세 수의 덧셈은 더하는 순서를 바꾸어 계산하여도 결과가 같으므로 합이 10이 되는 두 수를 먼저 더합니다.

$$6+4+3=13 \qquad 4+7+3=14 \qquad 2+5+8=15$$

### 확인문제

**5** 그림에 맞는 덧셈식을 만들어 보세요.

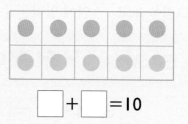

$$\boxed{\phantom{0}}+\boxed{\phantom{0}}=10$$

**6** 그림에 맞는 뺄셈식을 만들어 보세요.

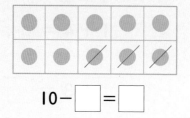

$$10-\boxed{\phantom{0}}=\boxed{\phantom{0}}$$

**7** 그림을 보고 ☐ 안에 알맞은 수를 써넣으세요.

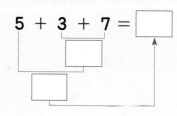

$$4+6+2=\boxed{\phantom{0}}$$

**8** ☐ 안에 알맞은 수를 써넣으세요.

$$5+3+7=\boxed{\phantom{0}}$$

<table>

| 유형 1 | 세 수의 덧셈 |
</table>

**유형 1** 세 수의 덧셈

그림을 보고 ☐ 안에 알맞은 수를 써넣으세요.

$$3 + 4 + \boxed{\phantom{0}} = \boxed{\phantom{0}}$$

**1-1** ☐ 안에 알맞은 수를 써넣으세요.

(1) $1 + 4 + 3 = \boxed{\phantom{0}}$

$1 + 4 = \boxed{\phantom{0}}$

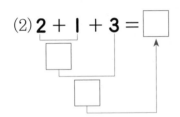

$\boxed{\phantom{0}} + 3 = \boxed{\phantom{0}}$

(2) $2 + 1 + 3 = \boxed{\phantom{0}}$

**1-2** 덧셈을 해 보세요.

(1) $2 + 4 + 1$

(2) $3 + 5 + 1$

**1-3** 교실에서 책 읽는 사람이 2명, 그림 그리는 사람이 3명, 이야기하는 사람이 4명 있습니다. 교실에 있는 사람은 모두 몇 명인가요?

식 _____

답 _____ 명

**유형 2** 세 수의 뺄셈

그림을 보고 ☐ 안에 알맞은 수를 써넣으세요.

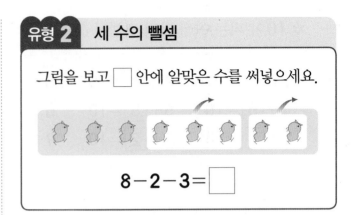

$$8 - 2 - 3 = \boxed{\phantom{0}}$$

**2-1** ☐ 안에 알맞은 수를 써넣으세요.

(1) $9 - 5 - 2 = \boxed{\phantom{0}}$

$9 - 5 = \boxed{\phantom{0}}$

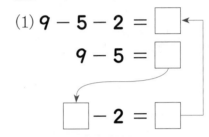

$\boxed{\phantom{0}} - 2 = \boxed{\phantom{0}}$

(2) $5 - 2 - 1 = \boxed{\phantom{0}}$

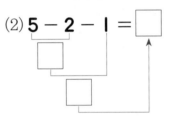

**2-2** 뺄셈을 해 보세요.

(1) $6 - 3 - 2$

(2) $7 - 3 - 1$

**2-3** 버스에 9명이 타고 있었습니다. 학교 앞에서 2명이 내리고, 도서관 앞에서 4명이 내렸습니다. 버스에 남은 사람은 몇 명인가요?

식 _____

답 _____ 명

**유형 3** | 10이 되는 더하기

구슬은 모두 몇 개인지 알아보세요.

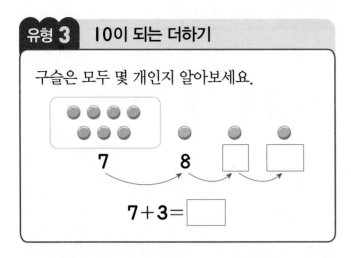

7     8

$7+3=$ ☐

**3-1** 빨간색 구슬은 6개, 파란색 구슬은 4개가 있습니다. 구슬은 모두 몇 개인지 이어 세는 방법을 이용하여 알아보세요.

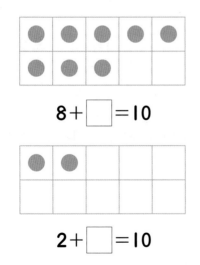

6   7

$6+4=$ ☐

**3-2** ◯를 그려 넣고 덧셈식으로 나타낸 다음, 알맞은 말에 ◯ 하세요.

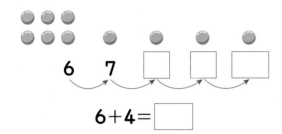

$8+$ ☐ $=10$

$2+$ ☐ $=10$

⇨ 두 수를 더하면 합은 ( 같습니다 , 다릅니다 . )

**3-3** 그림을 보고 ☐ 안에 알맞은 수를 써넣으세요.

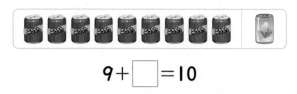

$9+$ ☐ $=10$

**3-4** 그림에 맞는 덧셈식을 만들어 보세요.

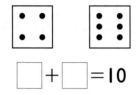

☐ $+$ ☐ $=10$

**3-5** 그림을 보고 ☐ 안에 알맞은 수를 써넣으세요.

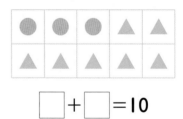

☐ $+$ ☐ $=10$

**3-6** 합이 10이 되도록 빈칸에 ◯를 그려 넣고, ☐ 안에 알맞은 수를 써넣으세요.

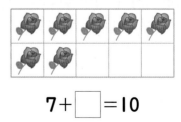

$7+$ ☐ $=10$

2
단원

**3-7** 두 수의 합이 **10**이 되는 수끼리 선으로 이어 보세요.

| 9 | 3 | 6 | 8 |
|---|---|---|---|

| 2 | 4 | 7 | 1 |
|---|---|---|---|

**3-8** ☐ 안에 알맞은 수를 써넣으세요.

(1) $8 + \boxed{\phantom{0}} = 10$

(2) $\boxed{\phantom{0}} + 3 = 10$

**3-9** 동화책을 영수는 **4**권, 동민이는 **6**권 가지고 있습니다. 영수와 동민이가 가지고 있는 동화책은 모두 몇 권인가요?

식 _____

답 _____ 권

**3-10** 사탕이 **7**개 있었습니다. 사탕 몇 개를 더 사 왔더니 **10**개가 되었습니다. 더 사 온 사탕은 몇 개인가요?

(        )개

**유형 4**    **10에서 빼기**

그림을 보고 뺄셈을 해 보세요.

$\boxed{\phantom{0}}$ 8 9 10

$10 - 3 = \boxed{\phantom{0}}$

**4-1** 그림을 보고 ☐ 안에 알맞은 수를 써넣으세요.

$10 - 5 = \boxed{\phantom{0}}$

**4-2** 그림을 보고 ☐ 안에 알맞은 수를 써넣으세요.

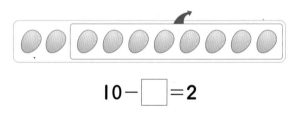

$10 - \boxed{\phantom{0}} = 2$

**4-3** 관계있는 것끼리 선으로 이어 보세요.

| 10 − 4 | • | • | 2 |
|--------|---|---|---|
| 10 − 8 | • | • | 4 |
| 10 − 6 | • | • | 6 |

**4-4** 식에 맞도록 ♠를 /으로 지우고 □ 안에 알맞은 수를 써넣으세요.

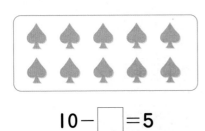

$$10 - \boxed{\phantom{0}} = 5$$

**4-5** □ 안에 알맞은 수를 써넣으세요.

(1) $10 - \boxed{\phantom{0}} = 7$

(2) $10 - \boxed{\phantom{0}} = 4$

**4-6** 과일 가게에 파인애플이 **10**개 있었습니다. 그중에서 **9**개를 팔았다면 남아 있는 파인애플은 몇 개인가요?

식_____

답_____개

**4-7** 전깃줄에 참새가 **10**마리 앉아 있었습니다. 잠시 후 참새 몇 마리가 날아가서 **6**마리가 남았습니다. 날아간 참새는 몇 마리인가요?

(                         )마리

**유형 5** **10을 만들어 더하기**

합이 **10**이 되는 두 수를 ◯로 묶고 세 수의 합을 □ 안에 써넣으세요.

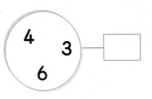

**5-1** □ 안에 알맞은 수를 써넣으세요.

(1) $8 + 2 + 7 = \boxed{\phantom{00}}$

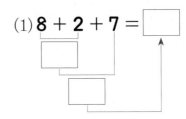

(2) $9 + 5 + 1 = \boxed{\phantom{00}}$

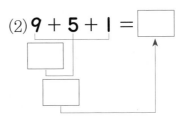

**5-2** 덧셈을 해 보세요.

(1) $3 + 7 + 6$

(2) $9 + 6 + 4$

(3) $7 + 2 + 3$

**5-3** 가영이는 빨간색 연필 **4**자루, 파란색 연필 **5**자루, 노란색 연필 **5**자루를 가지고 있습니다. 가영이가 가지고 있는 연필은 모두 몇 자루인가요?

식_____

답_____ 자루

**1** 그림에 맞는 식을 만들고 계산해 보세요.

□+□+□=□

**2** 빈 곳에 알맞은 수를 써넣으세요.

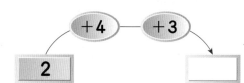

**3** 계산 결과가 더 큰 것을 찾아 ○표 하세요.

| 3+3+2 | 1+3+5 |
|:---:|:---:|
| (　　　) | (　　　) |

**4** 관계있는 것끼리 선으로 이어 보세요.

4+1+2 ·　　　· 6

2+2+1 ·　　　· 5

1+2+3 ·　　　· 7

**5** △ 모양에 적은 수들의 합을 구하세요.

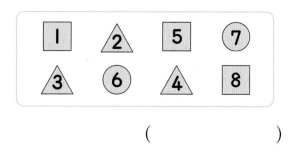

(　　　　　　　)

**6** 영수는 1층에서 엘리베이터를 탔습니다. 함께 탄 아저씨는 3층 더 올라가서 내리셨고, 영수는 거기서 2층 더 올라가서 내렸습니다. 영수가 내린 층은 몇 층인가요?

(　　　　　　　)층

**7** 그림에 맞는 식을 만들고 계산해 보세요.

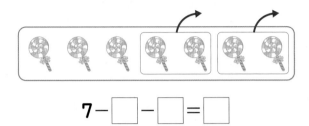

7 − ☐ − ☐ = ☐

**8** 빈 곳에 알맞은 수를 써넣으세요.

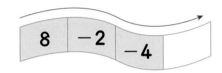

**9** 계산 결과가 더 작은 것을 찾아 기호를 쓰세요.

㉠ 5 − 2 − 2
㉡ 7 − 1 − 4

(        )

**10** 가장 큰 수에서 나머지 두 수를 뺀 값을 구하세요.

(        )

**11** 관계있는 것끼리 선으로 이어 보세요.

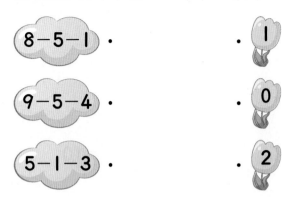

8 − 5 − 1 ·      · 1

9 − 5 − 4 ·      · 0

5 − 1 − 3 ·      · 2

**12** 교실에 8명의 학생이 있었습니다. 2명이 먼저 집으로 돌아갔고, 잠시 후 3명이 집으로 돌아갔습니다. 교실에 남아 있는 학생은 몇 명인가요?

(        )명

**13** 영수는 구슬을 9개 가지고 있었습니다. 그중에서 친구에게 2개를 주고, 동생에게는 3개를 주었습니다. 영수에게 남아 있는 구슬은 몇 개인가요?

(        )개

**14** 그림을 보고 ☐ 안에 알맞은 수를 써넣으세요.

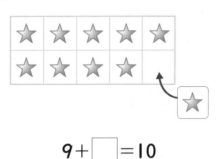

$9+\boxed{\phantom{0}}=10$

**15** 두 수를 더했을 때 10이 되는 것은 어느 것인가요? ( )

① (1, 7)  ② (3, 6)
③ (5, 5)  ④ (8, 1)
⑤ (4, 5)

**16** 합이 10이 되는 두 수를 모두 찾아 ◯ 로 묶어 보세요.

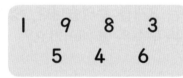

**17** 합이 10이 되는 칸을 모두 색칠하세요.

| 1+9 | 7+2 | 5+5 |
|-----|-----|-----|
| 2+6 | 3+7 | 8+1 |

**18** 그림을 보고 ☐ 안에 알맞은 수를 써넣으세요.

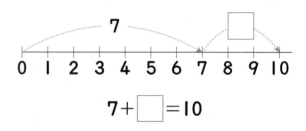

$7+\boxed{\phantom{0}}=10$

**19** 그림을 보고 ☐ 안에 알맞은 수를 써넣으세요.

**20** ☐ 안에 알맞은 수를 써넣으세요.

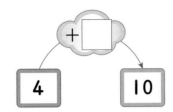

**21** ☐ 안에 들어갈 수를 찾아 선으로 이어 보세요.

3+☐=10 ·          · 8

2+☐=10 ·          · 5

☐+5=10 ·          · 7

**22** 다음과 같이 석기는 저금통에 100원짜리 동전을 넣었습니다. 100원짜리 동전이 10개가 되려면 몇 개를 더 넣어야 하나요?

(             )개

**23** 관계있는 것끼리 선으로 이어 보세요.

10-6 ·          · 3

10-7 ·          · 4

10-5 ·          · 5

10-4 ·          · 6

**24** 그림을 보고 ☐ 안에 알맞은 수를 써넣으세요.

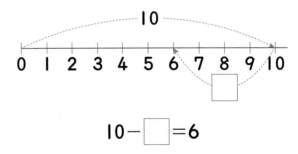

10-☐=6

**25** ☐ 안에 알맞은 수를 써넣으세요.

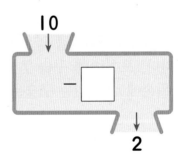

**26** 그림을 보고 ☐ 안에 알맞은 수를 써넣으세요.

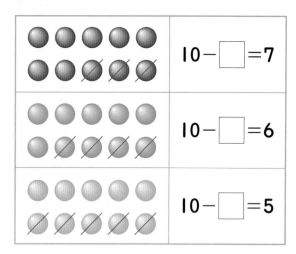

| | |
|---|---|
| | $10 - \boxed{\phantom{0}} = 7$ |
| | $10 - \boxed{\phantom{0}} = 6$ |
| | $10 - \boxed{\phantom{0}} = 5$ |

**27** ☐ 안에 들어갈 수가 더 큰 것을 찾아 기호를 쓰세요.

⊙ $10 - \boxed{\phantom{0}} = 1$   ⓒ $10 - \boxed{\phantom{0}} = 4$

( )

**28** 영수는 구슬 10개를 양손에 나누어 쥐었습니다. 오른손에 구슬 7개를 쥐고 있다면 왼손에 쥐고 있는 구슬은 몇 개인가요?

( )개

**29** ☐ 안에 알맞은 수를 써넣으세요.

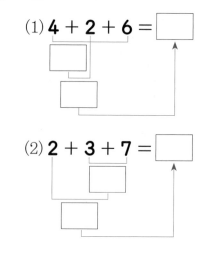

(1) $4 + 2 + 6 = \boxed{\phantom{0}}$

(2) $2 + 3 + 7 = \boxed{\phantom{0}}$

**30** 합이 10이 되는 두 수를 ◯로 묶고 세 수의 합을 ☐ 안에 써넣으세요.

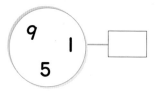

9   1

5

**31** 세 수의 합을 구하세요.

| 6 | 7 | 4 |
|---|---|---|

( )

**32** 합이 같은 것끼리 선으로 이어 보세요.

| 9+1+2 · | · 6+10 |
| 6+5+5 · | · 10+8 |
| 3+8+7 · | · 10+2 |

**33** 세 수의 합을 각각 구한 후 크기를 비교하려고 합니다. ○ 안에 >, =, <를 알맞게 써넣으세요.

```
  2   8          3   9
    4     ○        1
```

**34** 세 수의 합이 **19**가 되도록 하려고 합니다. 빈 곳에 알맞은 수를 써넣으세요.

  3  7

**35** 밑줄 친 두 수의 합이 **10**이 되도록 ○ 안에 수를 써넣고 식을 완성하세요.

(1) 2+○+2=☐

(2) 7+○+6=☐

**36** 주사위 **3**개를 던져서 나온 눈입니다. 나온 눈의 수의 합을 구하세요.

(                    )

**37** 가영이는 동화책을 **6**권, 만화책을 **9**권, 위인전을 **1**권 각각 읽었습니다. 가영이가 읽은 책은 모두 몇 권인가요?

(                    )권

**1** I반이 다른 반과 축구 경기를 한 결과입니다. I반이 넣은 골은 모두 몇 골인가요?

| I반 | 2반 |
|---|---|
| I | 0 |

| I반 | 3반 |
|---|---|
| 3 | 2 |

| I반 | 4반 |
|---|---|
| 2 | 3 |

( )골

각각을 계산한 후에 계산 결과의 크기를 비교합니다.

**2** 계산 결과가 가장 큰 것부터 차례대로 기호를 쓰세요.

> ㉠ 8-5-2　　㉡ 7-2-1
> ㉢ 5-1-1　　㉣ 9-3-4

( )

**3** 같은 모양은 같은 수를 나타낼 때 ☐에 알맞은 수를 구하세요.

> ・8-3-2=△　　・△+4+2=☐

( )

**4** I부터 9까지의 수 중에서 ☐ 안에 들어갈 수 있는 가장 큰 수를 구하세요.

> 8-1-☐>3

( )

**5** 더해서 IO이 되는 두 수를 모두 찾아 ◯로 묶어 보고 덧셈식을 쓰세요.

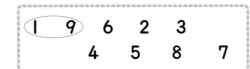

| 1 | 9 | 6 | 2 | 3 |
|---|---|---|---|---|
|   |   | 4 | 5 | 8 | 7 |

$$1+9=10,$$

**2** 단원

�}◯ 모양은 뾰족한 부분이 없습니다.

**6** ▨ 모양의 물건은 ◯ 모양의 물건보다 몇 개 더 많은지 뺄셈식을 완성하세요.

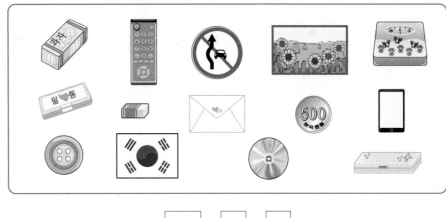

$$\boxed{\phantom{0}}-\boxed{\phantom{0}}=\boxed{\phantom{0}}$$

**7** 두 수의 차를 구하여 그 차에 해당하는 글자를 보기 에서 찾아 쓰세요.

보기

| 1 | 2 | 3 | 4 | 5 |
|---|---|---|---|---|
| 이 | 동 | 호 | 운 | 회 |

$10-6=\boxed{\phantom{0}}$ ⇨ _____

$10-8=\boxed{\phantom{0}}$ ⇨ _____

$10-5=\boxed{\phantom{0}}$ ⇨ _____

**8** ☐ 안에 알맞은 수를 써넣으세요.

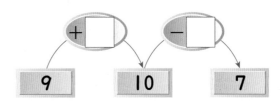

| 9 | | 10 | | 7 |

□ 안에 알맞은 수를 먼저 구한 후 크기를 비교해 봅니다.

**9** □ 안에 들어갈 수가 가장 큰 것부터 차례대로 기호를 쓰세요.

㉠ □+5=10    ㉡ 7+□=10
㉢ 10−□=2    ㉣ 10−□=6

(                           )

**10** 관계있는 것끼리 선으로 이어 보세요.

| 6+4+3 | • | | • | 9+9 |

| 7+5+3 | • | | • | 8+7 |

| 8+1+9 | • | | • | 5+8 |

**11** 버스에 남자가 **4**명, 여자가 **6**명 타고 있었습니다. 이번 정류장에서 몇 명이 내렸더니 **8**명이 남았습니다. 정류장에서 내린 사람은 몇 명인가요?

(                         )명

어떤 수를 먼저 구한 후 바르게 계산한 값을 구합니다.

**12** 어떤 수에 **3**을 더해야 할 것을 잘못하여 뺐더니 **7**이 되었습니다. 바르게 계산한 값은 얼마인가요?

(                           )

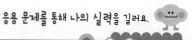
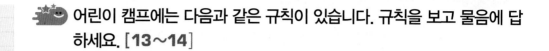
어린이 캠프에는 다음과 같은 규칙이 있습니다. 규칙을 보고 물음에 답하세요. [13~14]

> **칭찬 규칙**
>
> 1. 모든 조원들이 일찍 일어난 경우 ⇨ 칭찬 붙임 딱지 **5**장
> 2. 친구를 도와준 경우 ⇨ 칭찬 붙임 딱지 **3**장
> 3. 조원들이 밥을 남기지 않고 모두 먹은 경우
>    ⇨ 칭찬 붙임 딱지 **1**장
>
> **벌점 규칙**
>
> 1. 친구를 놀리거나 장난을 친 경우 ⇨ 벌점 **1**점
> 2. 선생님께 지적을 받은 경우 ⇨ 벌점 **2**점
> 3. 지각을 한 경우 ⇨ 벌점 **1**점
>
> 단, 벌점을 **1**점 받을 때마다 그날 받은 칭찬 붙임 딱지를 한 장씩 선생님께 돌려드려야 합니다.

**13** 동민이네 조의 하루 생활입니다. 동민이네 조가 모은 칭찬 붙임 딱지는 모두 몇 장인가요?

> • 아픈 가영이를 부축해 주었습니다.
> • 조원들이 밥을 남기지 않고 모두 먹었습니다.
> • 모든 조원들이 일찍 일어났습니다.

식_____    답_____ 장

**14** 예슬이네 조의 하루 생활입니다. 예슬이네 조가 모은 칭찬 붙임 딱지는 모두 몇 장인가요?

> • 모든 조원들이 일찍 일어났습니다.
> • 한별이가 장난을 쳤습니다.
> • 협동 학습을 잘 하지 못해 선생님께 지적을 받았습니다.

식_____    답_____ 장

🐛 보기 를 보고 물음에 답하세요. [01~02]

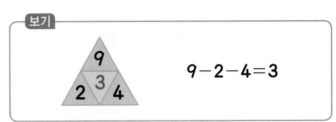

○━━━━━━━━○

**01**

세 수의 뺄셈은 앞에서부터 두 수씩 차례대로 계산합니다.

보기 와 같이 계산하여 빈 곳에 알맞은 수를 써넣으세요.

○━━━━━━━━○

**02**

㉠에 알맞은 수를 구하세요.

(1)
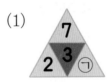

(2)
삼각형에 9, ㉠, 4, 2

　　　　　　( 　　　　　　 )　　( 　　　　　　 )

○━━━━━━━━○

**03**

1 부터 8 까지의 수 카드 중 **4**장을 뽑아 한 번씩 사용하여 주어진 식을 완성하려고 합니다. 만들 수 있는 서로 다른 덧셈식은 모두 몇 개인가요?

(단, 덧셈 순서만 바꾼 식은 같은 식으로 생각합니다.)

□+□+□=□

( 　　　　　　 )개

**04**

■와 ▲를 먼저 구합니다.

다음 식을 보고 ★에 알맞은 수를 구하세요.

$$7+■=10 \qquad 10-▲=3 \qquad ■+▲=★$$

(                    )

2
단원

**05**

7장의 수 카드 중에서 두 수의 합이 10이 되도록 2장씩 짝지어 보려고 합니다. 짝지어지지 않는 수 카드의 수를 구하세요.

| 1 | 7 | 5 | 9 | 3 | 4 | 6 |

(                    )

**06**

연필 10자루를 동생과 남김없이 나누어 가지려고 합니다. 동생이 나보다 연필을 2자루 더 많이 가지려면 동생이 가져야 할 연필은 모두 몇 자루인가요?

(                    )자루

**07** 초콜릿을 석기는 **8**개, 지혜는 **7**개 가지고 있습니다. 석기와 지혜가 가진 초콜릿이 각각 **10**개가 되려면 더 필요한 초콜릿은 몇 개인가요?

(          )개

**08** **0**부터 **7**까지의 수 카드가 각각 **1**장씩 있습니다. ☐ 안에 수 카드를 넣어 다음과 같은 식을 만들어 보려고 합니다. 만들 수 있는 식은 모두 몇 개인가요?

$$10 - \square = \square$$

(          )개

**09** 다음 수 카드 중에서 두 수의 합이 **10**이 되도록 수 카드 **2**장을 짝지었습니다. 남은 수 카드 **3**장에 적힌 수의 합을 구하세요.

| 1 | 3 | 2 | 9 | 4 |

(          )

**10** 주어진 수 카드 중 **2**장을 골라 ☐ 안에 넣어 식을 완성하려고 합니다. 어떤 숫자가 적힌 카드를 골라야 하나요?

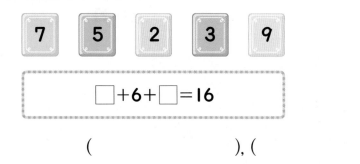

( ), ( )

**11** 예슬이와 효근이는 과녁 맞히기 놀이를 하였습니다. 예슬이와 효근이는 과녁을 각각 **3**번씩 맞혔는데 예슬이는 **8**점, **2**점, **5**점에 맞혔고 효근이는 **4**점, **1**점, **9**점에 맞혔습니다. 더 많은 점수를 얻은 사람은 누구인가요?

( )

**12** **100**원짜리 동전을 던져서 그림면이 나올 때마다 점수를 **2**점씩 더하고, 숫자면이 나올 때마다 점수를 **1**점씩 더하기로 하였습니다. **7**번을 던져서 그림면이 **3**번 나왔다면 얻은 점수는 몇 점인가요?

( )점

그림에 맞는 식을 만들고 계산하세요.

**[1~2]**

**1**

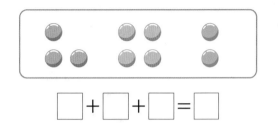

$\square + \square + \square = \square$

**2**

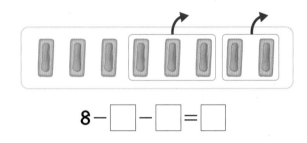

$8 - \square - \square = \square$

**3** $\square$ 안에 알맞은 수를 써넣으세요.

$2 + \square + 1 = 8$

**4** 다음 중 계산 결과가 가장 큰 것은 어느 것인가요? (　　　)

① $9 - 3 - 4$　② $8 - 1 - 6$
③ $6 - 3 - 2$　④ $5 - 2 - 2$
⑤ $7 - 4 - 3$

**5** 동민이는 연필 9자루 중에서 영수에게 2자루, 지혜에게 1자루를 각각 주었습니다. 동민이에게 남은 연필은 몇 자루인가요?

(　　　　　　)자루

**6** 바르게 계산한 것에 ○표 하세요.

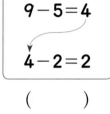

$9 - 5 - 2 = 6$　　$9 - 5 - 2 = 2$

$5 - 2 = 3$　　　$9 - 5 = 4$

$9 - 3 = 6$　　　$4 - 2 = 2$

(　　　)　　　(　　　)

**7** 그림을 보고 $\square$ 안에 알맞은 수를 써넣으세요.

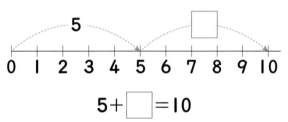

$5 + \square = 10$

**8** 식에 맞도록 🧁를 /으로 지우고 $\square$ 안에 알맞은 수를 써넣으세요.

$10 - \square = 6$

**9** □ 안에 알맞은 수를 써넣으세요.

(1) $8 + \square = 10$

(2) $\square + 7 = 10$

(3) $10 - \square = 5$

(4) $10 - \square = 4$

**10** □ 안에 들어갈 수를 찾아 선으로 이어 보세요.

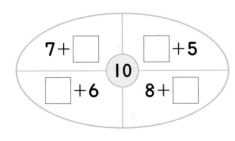

$4 + \square = 10$ · · 1

$10 - \square = 9$ · · 10

$5 + 5 = \square$ · · 6

**11** 합이 10이 되도록 □ 안에 알맞은 수를 써넣으세요.

$7 + \square$    $\square + 5$

10

$\square + 6$    $8 + \square$

**12** □ 안에 들어갈 수가 가장 큰 것을 찾아 기호를 쓰세요.

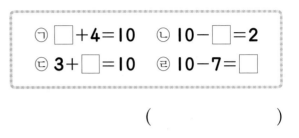

ㄱ $\square + 4 = 10$    ㄴ $10 - \square = 2$

ㄷ $3 + \square = 10$    ㄹ $10 - 7 = \square$

(        )

**13** 5장의 수 카드 중에서 두 수의 합이 10이 되도록 2장씩 짝지었을 때 짝지어지지 않는 카드의 숫자를 쓰세요.

| 2 | 6 | 8 | 3 | 4 |

(        )

**14** 합이 10이 되는 두 수를 ◯로 묶고 □ 안에 알맞은 수를 써넣으세요.

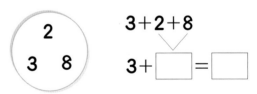

2
3   8

$3 + 2 + 8$

$3 + \square = \square$

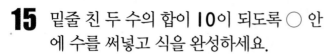

**15** 밑줄 친 두 수의 합이 10이 되도록 ○ 안에 수를 써넣고 식을 완성하세요.

(1) 6+◯+7=☐

(2) 9+◯+5=☐

**16** 다음 중 계산 결과가 15인 것은 어느 것인가요? (　　　)

① 8+2+2　　② 1+6+4

③ 7+3+6　　④ 5+9+1

⑤ 4+3+6

**17** 같은 모양은 같은 수를 나타냅니다. ■가 나타내는 수를 구하세요.

> • ●+●=10
> • ●+3=▲
> • 10-▲=■

(　　　　　　)

**18** 바구니에 사과가 9개, 파인애플이 1개, 망고가 4개 들어 있습니다. 바구니에 들어 있는 과일은 모두 몇 개인가요?

(　　　　　　)개

**19** 감을 어머니께서는 4개, 아버지께서는 6개 사 오셨습니다. 그중에서 8개를 먹었다면 남은 감은 몇 개인지 풀이 과정을 쓰고 답을 구하세요.

풀이 _____

_____

_____

_____

답 _____개

**20** 어떤 수에 2를 더해야 할 것을 잘못하여 빼었더니 8이 되었습니다. 바르게 계산한 값은 얼마인지 풀이 과정을 쓰고 답을 구해 보세요.

풀이 _____

_____

_____

_____

답 _____

# 단원 3 모양과 시각

## 이번에 배울 내용

## 1 여러 가지 모양 찾아보기

우리 주변에서 ▨, ▲, ● 모양이 있는 물건 찾기

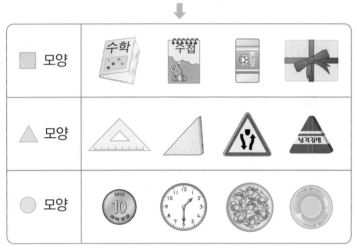

## 2 여러 가지 모양 알아보기

| 본뜨기 | 모양 | 알게 된 것 |
|---|---|---|
| | ○→ 뽀족한 부분 ▢→ 곧은 선 | • 뽀족한 부분이 **4**군데 입니다. • 곧은 선이 있습니다. |
| | ○→ 뽀족한 부분 △→ 곧은 선 | • 뽀족한 부분이 **3**군데 입니다. • 곧은 선이 있습니다. |
| | → 둥근 부분이 있습니다 | • 뽀족한 부분과 곧은 선이 없습니다. • 둥근 부분이 있습니다. |

### 확인문제

**1** ▨ 모양의 물건을 모두 찾아 ○ 하세요.

**2** ▲ 모양의 물건을 찾아 ○ 하세요.

**3** 옷걸이를 종이 위에 대고 본을 뜨면 어떤 모양이 나오나요?

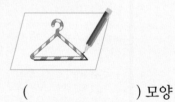

(         ) 모양

**4** 시계를 종이 위에 대고 본을 뜨면 어떤 모양이 나오나요?

(         ) 모양

## 3 여러 가지 모양으로 꾸미기

✱ ■, ▲, ● 모양을 사용하여 여러 가지 모양 꾸미기

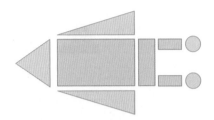

- ■, ▲, ● 모양을 사용하여 우주선 모양을 꾸 몄습니다.
- 사용한 ■ 모양은 **4**개입니다.
- 사용한 ▲ 모양은 **3**개입니다.
- 사용한 ● 모양은 **2**개입니다.

✱ 가장 많이 사용한 모양과 가장 적게 사용한 모양 알아보기

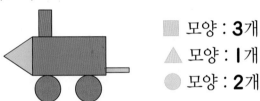

■ 모양 : **3**개
▲ 모양 : **1**개
● 모양 : **2**개

➡ 가장 많이 사용한 모양은 ■ 모양이고, 가장 적 게 사용한 모양은 ▲ 모양입니다.

## 4 몇 시 알아보기

시계의 짧은바늘이 **9**, 긴바늘이 **12**를 가리킬 때 시계는 **9**시를 나타내고 아홉 시라고 읽습니다.

## 5 몇 시 30분 알아보기

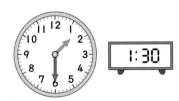

짧은바늘이 **1**과 **2** 사이, 긴바늘이 **6**을 가리킬 때 시계는 **1**시 **30**분을 나타 내고 한 시 삼십 분이라고 읽습니다.

➡ **10**시, **1**시 **30**분, **2**시 **30**분 등을 시각이라고 합 니다.

---

### 확인문제

**5** 다음 그림에 사용된 ■, ▲, ● 모양의 개수를 각각 세어 보세요.

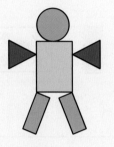

■ 모양 ( )개
▲ 모양 ( )개
● 모양 ( )개

**6** □ 안에 알맞은 모양을 그려 넣으세요.

**5**에서 가장 많이 사용한 모양은 □ 모양이고, 가장 적게 사용한 모양 은 □ 모양입니다.

**7** 시계를 보고 □ 안에 알맞은 수를 써 넣으세요.

짧은바늘이 **5**, 긴바늘이 **12**를 가리키 므로 □ 시입니다.

**8** 시계를 보고 □ 안에 알맞은 수를 써 넣으세요.

짧은바늘이 **3**과 **4** 사이, 긴바늘이 **6** 을 가리키므로 □ 시 □ 분입니다.

## 유형 1   여러 가지 모양 찾아보기

다음 물건에서 찾을 수 있는 모양에 ○ 하세요.

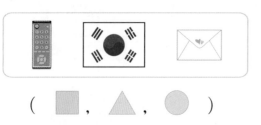

( ▢ ,   △ ,   ⬭ )

**1-1** 다음 중 ▲ 모양의 물건을 찾아 △표 하세요.

(     ) (     ) (     )

**1-2** 다음 중 ⬤ 모양의 물건을 모두 찾아 ○표 하세요.

(     ) (     ) (     )

**1-3** 오른쪽 모양의 물건이 아닌 것을 찾아 기호를 쓰세요.

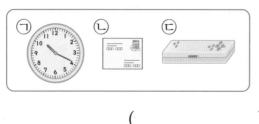

(         )

왼쪽과 같은 모양의 물건을 찾아 ○ 하세요. **[1-4~1-6]**

**1-4**

**1-5**

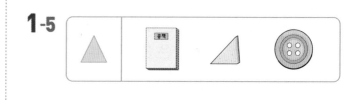

**1-6**

**1-7** 관계있는 것끼리 선으로 이어 보세요.

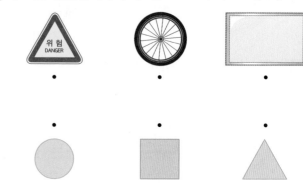

★ 그림을 보고 물음에 답하세요. [1-8~1-10]

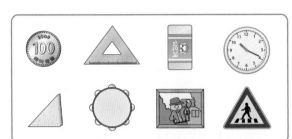

**1-8** ■ 모양의 물건은 몇 개인가요?

( )개

**1-9** ▲ 모양의 물건은 몇 개인가요?

( )개

**1-10** ● 모양의 물건은 몇 개인가요?

( )개

**1-11** 우리 주변에서 왼쪽과 같은 모양의 물건을 **3**가지만 찾아 써 보세요.

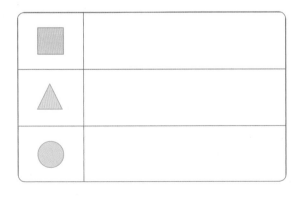

---

유형 **2** **여러 가지 모양 알아보기**

왼쪽 물건을 종이 위에 대고 본뜬 모양을 그려 보세요.

**3** 단원

**2-1** 동전을 종이 위에 대고 본뜬 모양을 찾아 ○표 하세요.

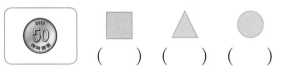

( ) ( ) ( )

**2-2** 삼각자를 종이 위에 대고 본뜬 모양을 찾아 ○표 하세요.

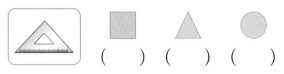

( ) ( ) ( )

**2-3** 종이 위에 대고 본뜬 모양이 ■ 모양인 물건을 모두 고르세요. ( )

① ② ③
④ ⑤

**2-4** 그림과 같이 물건을 종이 위에 대고 본을 뜨면 어떤 모양이 되는지 관계있는 것끼리 선으로 이어 보세요.

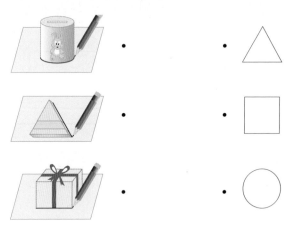

**2-5** 여러 가지 물건을 찰흙 위에 대고 찍었을 때, 나오는 모양이 나머지 셋과 다른 것을 찾아 ○표 하세요.

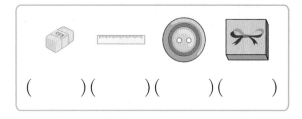

( ) ( ) ( ) ( )

**2-6** 다음 중 종이 위에 대고 본뜬 모양이 나머지 넷과 다른 것은 어느 것인가요?

( )

다음 설명에 맞는 모양을 찾아 ○표 하세요.

【2-7~2-9】

**2-7**

뾰족한 부분이 **4**군데 있습니다.

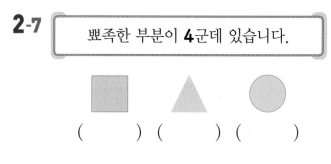

( ) ( ) ( )

**2-8**

반듯한 선이 **3**개 있습니다.

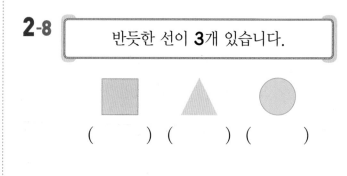

( ) ( ) ( )

**2-9**

뾰족한 부분과 반듯한 선이 모두 없습니다.

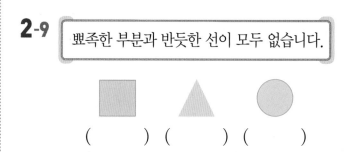

( ) ( ) ( )

**2-10** ■ 모양과 ● 모양의 블록을 본뜬 일부분입니다. 보이지 않는 부분에 선을 그어 모양을 완성해 보세요.

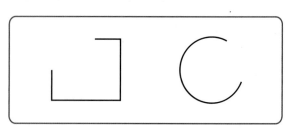

**유형 3** **여러 가지 모양으로 꾸미기**

어떤 모양 조각으로 꾸민 모양인지 알맞은 모양에 ○ 하세요.

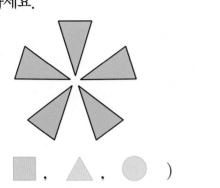

( ▢ , ▲ , ● )

**3-1** 다음과 같은 모양을 꾸미는 데 사용한 ▧ 모양은 모두 몇 개인가요?

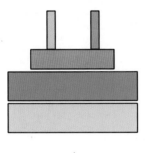

( )개

**3-2** 색종이를 오려서 오른쪽과 같은 모양을 꾸몄습니다. 물음에 답하세요.

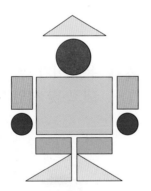

(1) ▨ 모양은 모두 몇 개인가요?

( )개

(2) △ 모양은 모두 몇 개인가요?

( )개

(3) ● 모양은 모두 몇 개인가요?

( )개

**3-3** 다음과 같은 모양을 꾸밀 때 사용하지 <u>않은</u> 모양에 × 하세요.

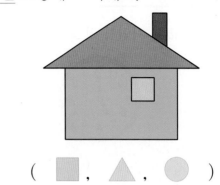

( ▢ , ▲ , ● )

**3-4** 주어진 모양 블록으로 꾸밀 수 있는 그림을 찾아 ○표 하세요.

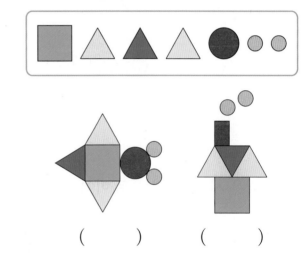

( ) ( )

**3-5** ▢, ▲, ● 모양의 색종이를 이용하여 접시 모양을 꾸며 보세요.

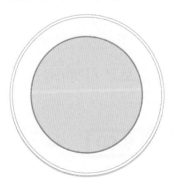

**유형 4**  몇 시 알아보기

시계를 보고 몇 시인지 써 보세요.

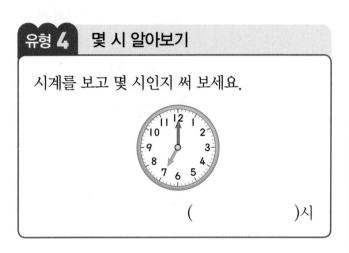

(       )시

**4-1** 지혜가 점심 식사를 시작한 때는 몇 시인 가요?

(       )시

**4-2** 같은 시각끼리 선으로 이어 보세요.

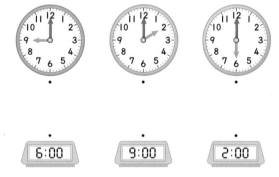

**4-3** 시계를 보고 시곗바늘을 그려 넣으세요.

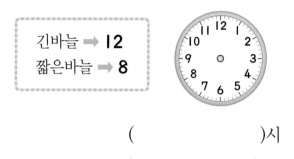

---

**4-4** 시곗바늘이 각각 다음과 같이 가리킬 때, 시계에 나타내고 몇 시인지 써 보세요.

긴바늘 ➡ **12**
짧은바늘 ➡ **8**

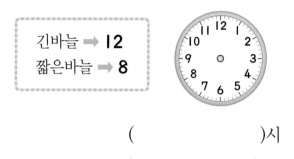

(       )시

**4-5** 예나가 운동을 하기 시작한 것은 몇 시 인지 시계에 나타내세요.

나는 **2**시에 운동을 하기 시작했어.

예나

**4-6** 유승이가 설명하는 내용을 시계에 나타 내고 몇 시인지 써 보세요.

긴바늘이 **12**를 가리키고 짧은바늘은 시계에서 가장 큰 수를 가리키고 있어.

유승

(       )시

## 유형 5　몇 시 30분 알아보기

시계를 보고 몇 시 30분인지 써 보세요.

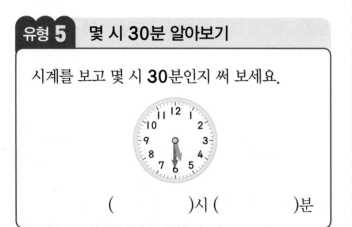

( 　　　 )시 ( 　　　 )분

**5-1** 웅이가 책을 읽기 시작한 시각입니다. 몇 시 몇 분에 책을 읽기 시작했나요?

( 　　　 )시 ( 　　　 )분

**5-2** 같은 시각끼리 선으로 이어 보세요.

**5-3** 시각에 맞도록 시곗바늘을 그려 넣으세요.

**5-4** 승철이가 수영을 시작한 시각을 시계에 나타내세요.

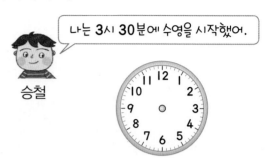

나는 3시 30분에 수영을 시작했어.

승철

**5-5** 설명하는 시각을 시계에 나타내고 몇 시 몇 분인지 써 보세요.

- 긴바늘은 6을 가리킵니다.
- 짧은바늘은 시계에서 두 번째로 작은 숫자와 세 번째로 작은 숫자 사이를 가리키고 있습니다.

( 　　　 )시 ( 　　　 )분

**5-6** 예나, 형석, 수빈이가 아침에 일어난 시각입니다. 가장 먼저 일어난 사람은 누구인가요?

예나　　　　형석　　　　수빈

( 　　　　　　　　　　　 )

🐛 그림을 보고 물음에 답하세요. [1~3]

**1** ■ 모양의 물건을 **2**개 찾아 쓰세요.

(           )

**2** ▲ 모양의 물건을 찾아 쓰세요.

(           )

**3** 벽에 걸린 시계에서 찾을 수 있는 모양에 ○ 하세요.

( ■ , ▲ , ● )

**4** ■ 모양의 물건을 찾고 그 모양을 따라 그려 보세요.

🐛 그림을 보고 물음에 답하세요. [5~7]

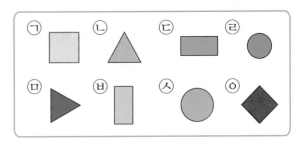

**5** 오른쪽 물건에서 찾을 수 있는 모양과 같은 모양을 모두 찾아 기호를 쓰세요.

(           )

**6** 오른쪽 물건에서 찾을 수 있는 모양과 같은 모양을 모두 찾아 기호를 쓰세요.

(           )

**7** 오른쪽 물건에서 찾을 수 있는 모양과 같은 모양은 모두 몇 개인가요?

(           )개

**8** ■ 모양이 들어 있는 물건은 □표, ▲ 모양이 들어 있는 물건은 △표, ● 모양이 들어 있는 물건은 ○표를 각각 하세요.

(     ) (     ) (     )

**9** 그림을 보고 각각의 모양을 찾아 빈칸에 알맞은 기호를 써넣으세요.

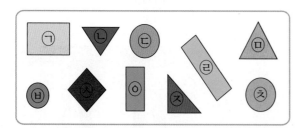

| ⬜ 모양 | △ 모양 | ○ 모양 |
|--------|--------|--------|
|        |        |        |

**10** 다음 중 모양이 나머지 넷과 <u>다른</u> 것은 어느 것인가요? (      )

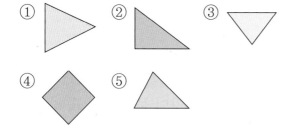

**11** 같은 모양의 물건끼리 모아 놓은 것에 ○ 표 하세요.

(     )    (     )    (     )

**12** 여러 가지 물건을 이용하여 모양 찍기를 하려고 합니다. ⬜, △, ○ 모양을 찍기 위해 필요한 물건을 찾아 선으로 각각 이어 보세요.

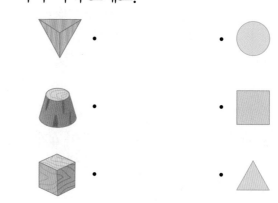

**13** 종이 위에 대고 본을 뜰 때, 같은 모양이 나오는 것끼리 선으로 이어 보세요.

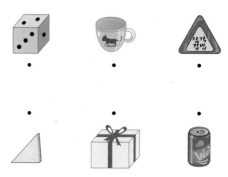

**14** ⬜, △, ○ 모양의 블록을 본뜬 일부분입니다. 모양을 완성해 보세요.

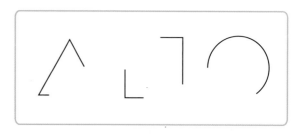

여러 가지 물건을 보고 물음에 답하세요.
[15~17]

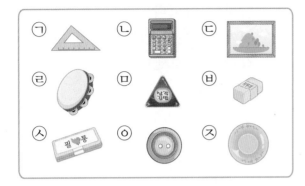

**15** 본을 떴을 때 뾰족한 부분이 **4**개 있는 물건을 모두 찾아 기호를 쓰세요.

( )

**16** 본을 떴을 때 반듯한 선이 **3**개 있는 물건을 모두 찾아 기호를 쓰세요.

( )

**17** 본을 떴을 때 반듯한 선과 뾰족한 부분이 없는 물건은 모두 몇 개인가요?

( )개

**18** ▲ 모양과 ● 모양의 차이점을 설명해 보세요.

_____

_____

_____

■, ▲, ● 모양을 이용하여 꾸민 강아지 모양입니다. 물음에 답하세요. [19~22]

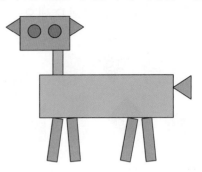

**19** 강아지의 눈을 꾸미는 데 사용한 모양을 찾아 ○ 하세요.

( ■ , ▲ , ● )

**20** 강아지의 꼬리를 꾸미는 데 사용한 모양을 찾아 ○ 하세요.

( ■ , ▲ , ● )

**21** 강아지의 다리를 꾸미는 데 사용한 모양과 같은 모양인 물건에 ○표 하세요.

( ) ( ) ( )

**22** 강아지 모양을 꾸미는 데 사용한 ■, ▲, ● 모양은 각각 몇 개인가요?

■ 모양 : ( )개

▲ 모양 : ( )개

● 모양 : ( )개

**23** 어떤 모양 조각으로 꾸민 모양인지 알맞은 모양에 ○ 하세요.

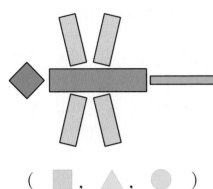

( ■ , ▲ , ● )

색종이로 다음과 같은 모양을 꾸몄습니다. 물음에 답하세요. [24~26]

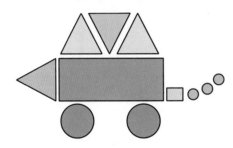

**24** ■, ▲, ● 모양은 각각 몇 개인가요?

■ 모양 : ( )개

▲ 모양 : ( )개

● 모양 : ( )개

**25** 가장 많이 사용한 모양은 어떤 모양인가요?

( ) 모양

**26** 가장 적게 사용한 모양은 어떤 모양인가요?

( ) 모양

**27** 다음과 같은 모양을 꾸미는 데 사용하지 않은 모양은 어느 것인지 기호를 써 보세요.

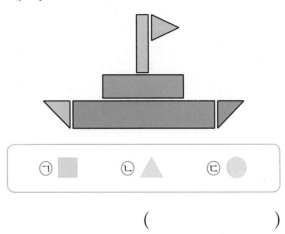

| ㉠ ■ | ㉡ ▲ | ㉢ ● |

( )

**28** 주어진 모양 블록으로 만들 수 있는 그림을 찾아 ○표 하세요.

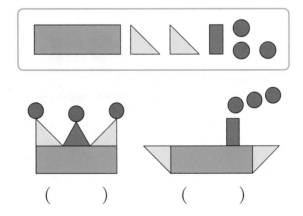

( ) ( )

**29** 색종이를 ■, ▲, ● 모양으로 오려 오른쪽과 같이 겹쳐 놓았습니다. 맨 아래에 놓여 있는 모양은 어떤 모양인가요?

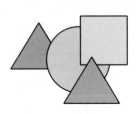

( ) 모양

**30** 영수가 학교에 도착한 시각입니다. 몇 시에 학교에 도착했나요?

(         )시

**31** 동민이가 아버지와 함께 산 정상에 오른 시각입니다. 몇 시 몇 분에 산 정상에 올랐나요?

(     )시 (     )분

**32** 7시 30분을 나타내는 시계를 찾아 ○표 하세요.

(    )    (    )    (    )

**33** 시계를 보고 시각을 바르게 읽은 사람의 이름을 쓰세요.

> 지혜 : 12시 30분
> 예슬 : 1시 30분
> 가영 : 6시 30분

(         )

**34** 시계가 나타내는 시각을 넣어 그 시각에 하고 싶은 일을 써 보세요.

_____

_____

**35** 시계의 짧은바늘이 11을 가리키고 긴바늘이 12를 가리키면 몇 시인가요?

(         )시

**36** 지금 시각은 8시 30분입니다. 시계의 긴바늘이 가리키는 숫자를 쓰세요.

(         )

**37** 시각에 맞도록 짧은바늘을 그려 넣으세요.

(1)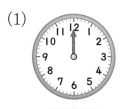

**8**시

(2)

**2**시 **30**분

**38** 시각에 맞도록 시곗바늘을 그려 넣으세요.

(1)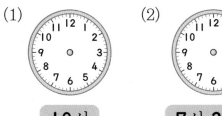

**10**시

(2)

**7**시 **30**분

**39** 이야기에 나오는 시각을 시계에 나타내 세요.

지혜는 **3**시에 방 청소를 시작했습니다.

**40** 지혜는 숙제를 **4**시에 시작하여 **5**시 **30** 분에 마쳤습니다. 숙제를 시작한 시각과 마친 시각을 시계에 각각 나타내 보세요.

시작한 시각 　　　　마친 시각

**41** 시곗바늘이 잘못 그려진 시계를 찾아 ○ 표 하세요.

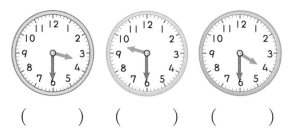

(　　　) 　(　　　) 　(　　　)

**42** 다음 시각을 시계에 나타내고, 그 시각에 하고 싶은 일을 써 보세요.

| 아침 **10**시 **30**분 | 하고 싶은 일 |
| --- | --- |
| 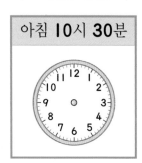 | |

**1** 물감을 묻혀 찍기를 할 때 나올 수 <u>없는</u> 모양을 찾아 ○표 하세요.

( ) ( ) ( )

**2** 찰흙 위에 찍었을 때 △ 모양이 나올 수 있는 것을 모두 찾아 ○표 하세요.

( ) ( ) ( ) ( )

주어진 ■, ▲, ● 모양의 개수와 사용된 ■, ▲, ● 모양의 개수를 비교하여 만들 수 있는 모양을 찾습니다.

**3** 바르게 말한 사람은 누구인가요?

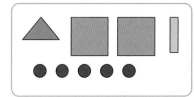

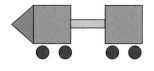 

기차          포도

영수 : 주어진 모양 조각으로 기차를 만들 수 없어.
지혜 : 아니야, 주어진 모양 조각으로 포도를 만들 수 없어.

( )

작은 ▨ 모양 Ⅰ칸짜리, 2칸짜리, 3칸짜리, 4칸짜리로 나누어서 세어 봅니다.

**4** 그림에서 찾을 수 있는 크고 작은 ▨ 모양은 모두 몇 개인가요?

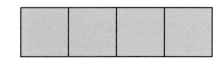

( )개

작은 ⬜ 모양과 △ 모양은 각각 몇 개인지 알아봅니다.

**5** 크기가 같은 면봉으로 다음과 같은 모양을 만들었습니다. 작은 ⬜ 모양은 작은 △ 모양보다 몇 개 더 많나요?

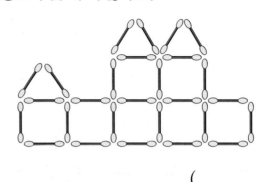

(         )개

**6** 색종이를 점선을 따라 자르면 △ 모양은 ⬛ 모양보다 몇 개 더 많나요?

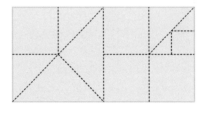

(         )개

■, ▲, ● 모양의 개수를 각각 알아봅니다.

**7** 색종이를 오려서 다음과 같은 모양을 꾸몄습니다. 가장 많은 모양은 가장 적은 모양보다 몇 개 더 많나요?

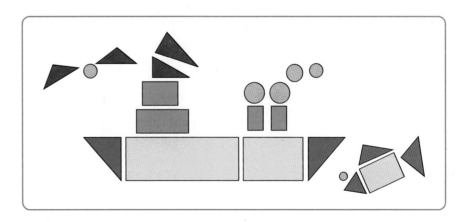

(         )개

**8** 시계의 짧은바늘과 긴바늘이 동시에 **12**를 가리키는 시각은 몇 시인 가요?

( )시

시계에 시각을 직접 나타내어 시곗바늘이 서로 반대 방향을 가리키는 모양을 찾아봅니다.

**9** 시계의 긴바늘과 짧은바늘이 서로 반대 방향을 가리키는 시각을 찾아 기호를 쓰세요.

㉠ **4**시 **30**분  ㉡ **12**시  ㉢ **8**시  ㉣ **6**시

( )

2시보다 늦고 3시보다 빠른 시각은 2시와 3시 사이의 시각입니다.

**10** 2시보다 늦고 3시보다 빠른 시각 중에서 시계의 긴바늘이 6을 가리키는 시각을 오른쪽 시계에 나타내 보세요.

**11** 시계가 오른쪽 그림과 같이 기울어져 있습니다. 시계가 나타내는 시각은 몇 시 몇 분인가요?

( )시 ( )분

**12** 왼쪽 시계가 나타내는 시각부터 오른쪽 시계가 나타내는 시각까지 긴바늘은 몇 바퀴 돌았나요?

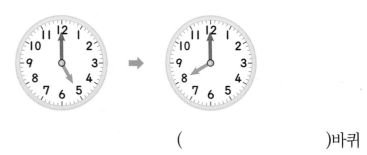

( )바퀴

**13** 오른쪽 시계가 나타내는 시각에서 시계의 긴바늘이 5바퀴를 더 돌았습니다. 오른쪽 시계는 몇 시가 되었나요?

( )시

한별, 효근, 가영이가 아침에 일어난 시각을 알아봅니다.

**14** 한별, 효근, 가영이가 아침에 일어난 시각입니다. 아침에 가장 늦게 일어난 사람은 누구인가요?

한별      효근      가영

( )

**15** 시계가 5시를 나타낼 때 긴바늘과 짧은바늘이 가리키는 두 수의 합은 얼마인가요?

( )

**01**

직접 면봉으로 모양을 만들어 그 개수를 세어 봅니다.

크기가 같은 면봉을 사용하여 다음과 같은 ▲ 모양을 **6**개 만들려고 합니다. 필요한 면봉은 모두 몇 개인가요?

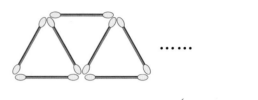

(           )개

**02**

색종이를 반으로 접어 만든 모양에서 점선을 따라 잘랐습니다. 만들어지는 ▨ 모양과 ▲ 모양은 각각 몇 개인가요?

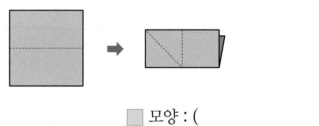

▨ 모양 : (        )개

▲ 모양 : (        )개

**03**

펼쳤을 때 색종이에 접힌 선의 위치를 생각해 봅니다.

색종이를 다음과 같이 **3**번 접었습니다. 색종이를 펼친 다음 접힌 선을 따라 자르면 ▨와 ▲ 모양이 각각 몇 개씩 만들어지나요?

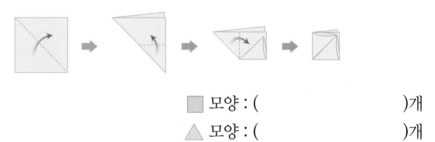

▨ 모양 : (        )개

▲ 모양 : (        )개

**04**

각 모양을 표시하면서 개수를 세어 봅니다.

색종이를 오려서 다음 그림과 같은 모양을 꾸몄습니다. 가장 많이 사용한 모양은 가장 적게 사용한 모양보다 몇 개 더 많나요?

(         )개

**05**

영수가 가지고 있는 모양 조각으로 다음과 같은 모양을 꾸몄더니 ▢ 모양 **2**개, ◯ 모양 **3**개가 남았습니다. 영수가 처음에 가지고 있던 ▢, △, ◯ 모양 조각은 각각 몇 개인가요?

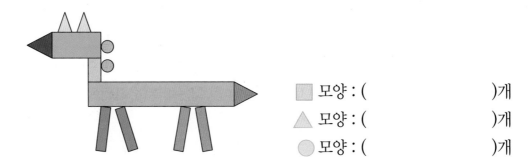

▢ 모양 : (      )개
△ 모양 : (      )개
◯ 모양 : (      )개

**06**

작은 △ 모양 **1**칸짜리, **4**칸짜리, **9**칸짜리로 나누어서 세어 봅니다.

오른쪽 그림에서 찾을 수 있는 크고 작은 △ 모양은 모두 몇 개인가요?

(        )개

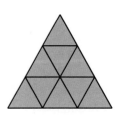

**07**

1시와 4시 30분 사이의 시각이 아닌 것을 찾아봅니다.

유승이네 가족은 1시에 집에서 출발하여 4시 30분에 할아버지 댁에 도착하였습니다. 유승이가 집에서 할아버지 댁에 가는 동안 경험할 수 없는 시각을 찾아 기호를 쓰세요.

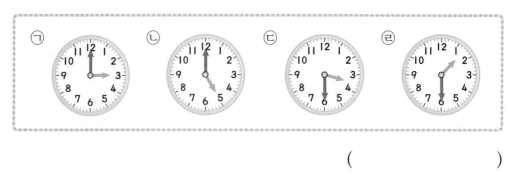

(                   )

**08**

시계를 거울에 비추어 보았더니 오른쪽 모양과 같았습니다. 시계가 나타내는 시각은 몇 시 몇 분인가요?

(        )시 (        )분

**09**

2시 30분을 가리키고 있는 시계가 있습니다. 긴바늘이 다섯 바퀴 반을 돌면 짧은바늘이 가리키는 숫자는 어떤 숫자인가요?

(              )

**10**

긴바늘이 6을 가리키는 시각은 몇 시 30분입니다.

2시보다 늦고 6시보다 빠른 시각 중에서 시계의 긴바늘이 6을 가리키는 시각은 몇 번 있나요?

(             )번

**11**

가영이는 시계의 긴바늘이 **2**바퀴 도는 동안 공부를 하고 시계를 보니 **4**시 **30**분이었습니다. 가영이가 공부를 시작한 시각은 몇 시 몇 분인가요?

(             )시 (             )분

**3** 단원

**12**

5시에서 긴바늘이 얼마만큼 움직인 후에 오빠가 왔는지 생각해 봅니다.

지혜가 집에 돌아온 시각은 오른쪽과 같습니다. 지혜가 집에 돌아온 시각에서 시계의 긴바늘이 **2**바퀴 돌았을 때 할머니께서 오셨고, 할머니께서 오신 시각에서 긴바늘이 반 바퀴 돌았을 때 오빠가 왔습니다. 오빠가 온 시각을 구하세요.

(             )시 (             )분

**13**

신영이는 시계의 긴바늘이 **2**바퀴 도는 동안 책을 읽었고, 이어서 시계의 긴바늘이 한 바퀴 반을 도는 동안 운동을 하였습니다. 신영이가 운동을 마쳤을 때의 시각이 **5**시 **30**분이었다면 책을 읽기 시작한 시각은 몇 시인가요?

(             )시

그림을 보고 물음에 답하세요. [1~3]

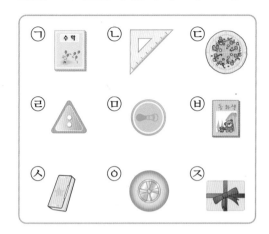

**1** ■ 모양의 물건을 모두 찾아 기호를 쓰세요.

(            )

**2** ▲ 모양의 물건은 모두 몇 개인가요?

(        )개

**3** 오른쪽 시계에서 찾을 수 있는 모양과 같은 모양을 모두 찾아 기호를 쓰세요.

(            )

**4** 다음 물건을 종이 위에 대고 본을 뜨면 어떤 모양이 되나요?

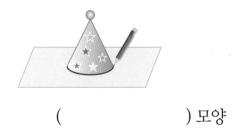

(        ) 모양

**5** 같은 모양끼리 모아 놓은 것을 찾아 기호를 쓰세요.

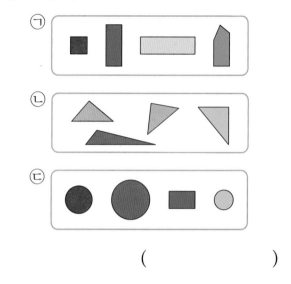

(            )

**6** 여러 가지 모양의 단추를 늘어놓았습니다. 단추의 모양이 각각 몇 개씩 있는지 □ 안에 알맞은 수를 써넣으세요.

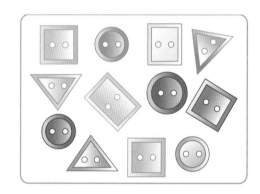

| ■ 모양 | ▲ 모양 | ● 모양 |
|--------|--------|--------|
| ☐개 | ☐개 | ☐개 |

**7** 다음과 같은 시계를 종이 위에 대고 본을 뜨려고 합니다. 나올 수 있는 모양을 모두 찾아 쓰세요.

(     ) 모양, (     ) 모양

**☆** 색종이를 오려서 다음과 같은 모양을 꾸몄습니다. 물음에 답하세요. **[8~9]**

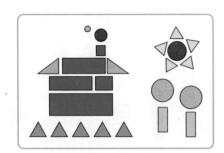

**8** 사용된 모양의 개수를 각각 세어 □ 안에 알맞은 수를 써넣으세요.

■ 모양 : □ 개, ▲ 모양 : □ 개,

● 모양 : □ 개

**9** 가장 많이 사용한 모양은 어떤 모양인가요?

(        ) 모양

**10** 주어진 모양 블록으로 만들 수 있는 모양을 찾아 ○표 하세요.

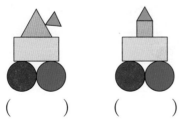

(    )    (    )

**11** 점선을 따라 자를 때 ▲ 모양이 **4**개 만들어지는 색종이는 어느 것인가요?

(    )

①     ②     ③

④     ⑤

**12** 시계를 보고 알맞은 시각을 쓰세요.

⇨ □ 시

**13** 시각에 맞도록 시곗바늘을 그려 넣으세요.

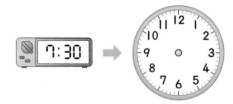

**14** 같은 시각끼리 선으로 이어 보세요.

**15** 시계가 **1**시 **30**분을 나타내고 있습니다. 긴바늘은 어떤 숫자를 가리키고 있나요?

(        )

**16** 친구들이 저녁 시간에 공원에 도착한 시각을 나타내었습니다. 두 번째로 도착한 사람은 누구인가요?

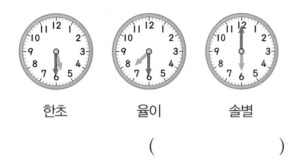

한초　　　　율이　　　　솔별

(　　　　　　　　　　)

**19** 그림에서 가장 많이 사용한 모양은 가장 적게 사용한 모양보다 몇 개 더 많은지 풀이 과정을 쓰고 답을 구하세요.

풀이 _____

_____

_____

답 _____ 개

오른쪽 시계는 석기가 피아노를 치기 시작한 시각을 나타낸 것입니다. 물음에 답하세요. [17~18]

**17** 석기가 긴바늘이 반 바퀴 도는 동안 피아노를 쳤다면 피아노 치기를 마친 시각을 시계에 나타내 보세요.

**20** 다음 설명에 알맞은 시각을 구하려고 합니다. 풀이 과정을 쓰고 답을 구하세요.

- **7**시와 **9**시 사이에 있는 시각입니다.
- 시계의 긴바늘은 **6**을 가리킵니다.
- 시계의 짧은바늘은 **7**보다 **9**에 더 가깝습니다.

풀이 _____

_____

_____

_____

_____

답 _____ 시 _____ 분

**18** 석기가 피아노를 치기 시작한 시각부터 시계의 긴바늘이 **2**바퀴 더 돌고 친구를 만났다면 친구를 만난 시각은 몇 시 몇 분인가요?

(　　　　)시 (　　　　)분

# 단원 **4** 덧셈과 뺄셈(2)

**1** 받아올림이 있는 (몇)+(몇)의 여러 가지 계산 방법

✳ **8+3**의 계산

방법1 이어 세기로 구하기

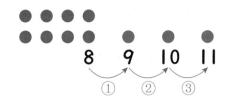

⇨ 8+3=11

방법2 십 배열판에 더하는 수 **3**만큼 ▲를 그려 구하기

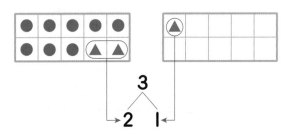

⇨ 8+3=11

**2** 받아올림이 있는 (몇)+(몇)

$7 + 9 = 16$
3   6

⇨ 먼저 **7**에 **3**을 더해서 **10**을 만든 다음 **6**을 더하면 **16**입니다.

$7 + 9 = 16$
6   1

⇨ 먼저 **9**에 **1**을 더해서 **10**을 만든 다음 **6**을 더하면 **16**입니다.

**3** 여러 가지 덧셈하기

• 더해지는 수는 같고, 더하는 수가 **1**씩 커지면 합은 **1**씩 커집니다.
  ⇨ **7+6=13, 7+7=14, 7+8=15**

• 더하는 수는 같고, 더해지는 수가 **1**씩 커지면 합은 **1**씩 커집니다.
  ⇨ **6+5=11, 7+5=12, 8+5=13**

• 두 수를 바꾸어 더해도 합은 같습니다.
  ⇨ **7+5=5+7=12**

**확인문제**

**1** 초록색 구슬 **8**개와 빨간색 구슬 **4**개가 있습니다. 구슬은 모두 몇 개인지 구해 보세요.

(1)
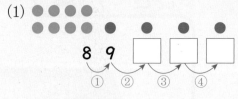

8 + 4 = ▢

(2)
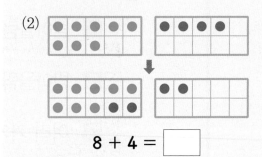

8 + 4 = ▢

**2** □ 안에 알맞은 수를 써넣으세요.

(1) 6 + 7 = ▢
         ▢
         3

(2) 6 + 7 = ▢
     3   ▢

**3** □ 안에 알맞은 수를 써넣으세요.

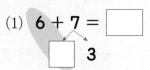

5+6=▢
6+7=▢
7+8=▢

**4** 받아내림이 있는 (십몇)−(몇)의 여러 가지 계산 방법

✽ **12−3**의 계산

방법 1 거꾸로 세어 구하기

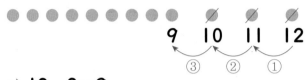

$$9 \quad 10 \quad 11 \quad 12$$
③ ② ①

➡ $12-3=9$

방법 2 연결 모형에서 빼고 남은 것을 세어 구하기

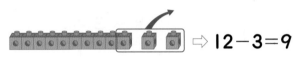 ➡ $12-3=9$

**5** 받아내림이 있는 (십몇)−(몇)

방법 1

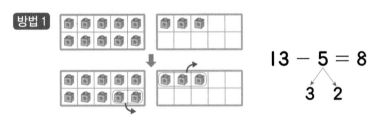

$$13 - 5 = 8$$
3  2

➡ **13**에서 **3**을 먼저 뺀 다음 다시 **2**를 빼면 **8**입니다.

방법 2

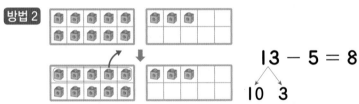

$$13 - 5 = 8$$
10  3

➡ **13**을 **10**과 **3**으로 가르고 **10**에서 **5**를 먼저 뺀 다음 **3**을 더하면 **8**입니다.

**6** 여러 가지 뺄셈하기

• 빼지는 수가 같고, 빼는 수가 **1**씩 커지면 차는 **1**씩 작아집니다.

　➡ $15-7=8$, $15-8=7$, $15-9=6$

• 빼는 수가 같고, 빼지는 수가 **1**씩 커지면 차는 **1**씩 커집니다.

　➡ $13-6=7$, $14-6=8$, $15-6=9$

• 빼지는 수와 빼는 수가 각각 **1**씩 커지면 차가 같습니다.

　➡ $14-5=9$, $15-6=9$, $16-7=9$

---

**확인문제**

**4** 그림을 보고 □ 안에 알맞은 수를 써넣으세요.

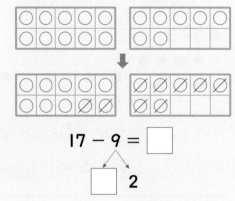

$$17 - 9 = \boxed{\phantom{0}}$$
　　　　　　　 $\boxed{\phantom{0}}$　 2

**17**에서 $\boxed{\phantom{0}}$을 먼저 뺀 다음 다시 **2**를 빼면 $\boxed{\phantom{0}}$입니다.

**5** 그림을 보고 □ 안에 알맞은 수를 써넣으세요.

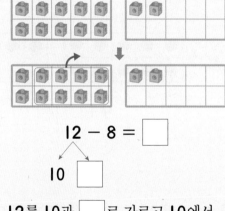

$$12 - 8 = \boxed{\phantom{0}}$$
　 10　 $\boxed{\phantom{0}}$

**12**를 **10**과 $\boxed{\phantom{0}}$로 가르고 **10**에서 **8**을 먼저 뺀 다음 $\boxed{\phantom{0}}$를 더하면 $\boxed{\phantom{0}}$입니다.

**6** □ 안에 알맞은 수를 써넣으세요.

$15-7=\boxed{\phantom{0}}$

$16-8=\boxed{\phantom{0}}$

$17-9=\boxed{\phantom{0}}$

**4**
단원

| 유형 1 | 받아올림이 있는 (몇)+(몇)의<br>여러 가지 계산 방법 |

□안에 알맞은 수를 써넣으세요.

✽ **7+5**의 계산

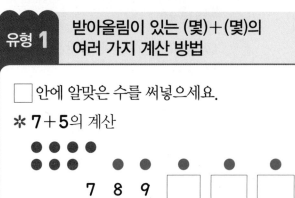

7  8  9  □  □  □
①  ②  ③  ④  ⑤

$7 + 5 =$ □

**1-1** 십 배열판을 사용하여 (몇)+(몇)을 구하려고 합니다. □ 안에 알맞은 수를 써넣으세요.

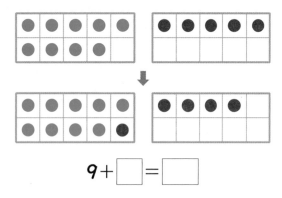

$9+$□$=$□

**1-2** 그림을 보고 덧셈을 해 보세요.

(1)

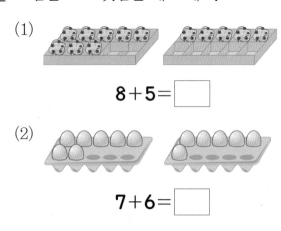

$8+5=$ □

(2)

$7+6=$ □

| 유형 2 | 받아올림이 있는 (몇)+(몇) |

그림을 보고 □ 안에 알맞은 수를 써넣으세요.

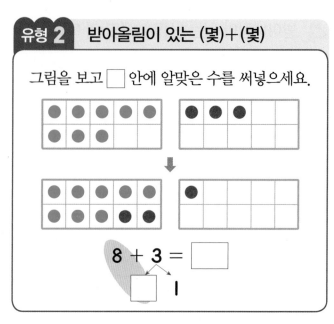

$8 + 3 =$ □
$\quad$ ↘
$\quad$ I

**2-1** 8+4를 2가지 방법으로 계산해 보세요.

방법 1

8과 2를 더하여 10을 만들고,
남은 2 더하기

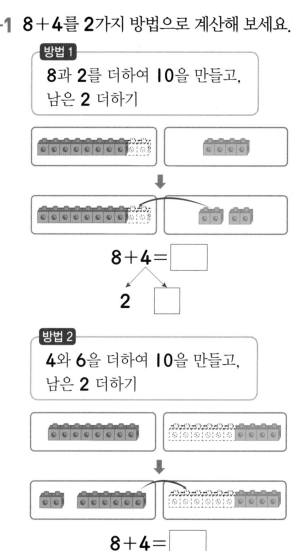

$8+4=$ □

2  □

방법 2

4와 6을 더하여 10을 만들고,
남은 2 더하기

$8+4=$ □

□  6

**2-2** 그림을 보고 □ 안에 알맞은 수를 써넣으세요.

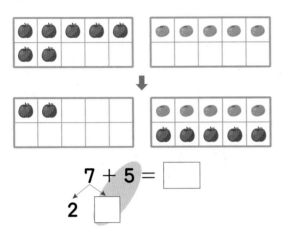

7 + 5 = □
2

**2-3** □ 안에 알맞은 수를 써넣으세요.

(1) 9 + 7 = □
         □   6

(2) 9 + 7 = □
      6   □

**2-4** 덧셈을 해 보세요.

(1) 8+6= □

(2) 9+7= □

**2-5** 빨간색 구슬이 **7**개, 파란색 구슬이 **6**개 있습니다. 구슬은 모두 몇 개인가요?

( 　　　　　　 )개

**유형 3** 여러 가지 덧셈하기

□ 안에 알맞은 수를 써넣으세요.

6+6= □
6+7= □
6+8= □
6+9= □

더해지는 수는 같고, 더하는 수가 **1**씩 커지면 합은 □ 씩 커집니다.

**3-1** 빈 곳에 알맞은 수를 써넣으세요.

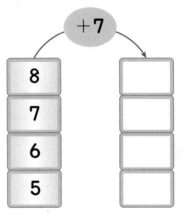

**3-2** 덧셈을 하고 알게 된 점을 써 보세요.

4+6= □
5+6= □
6+6= □

알게 된 점 ] 더하는 수가 같고 더해지는 수가

□ 씩 커지므로 합도 □ 씩 커집니다.

**3-3** □ 안에 알맞은 수를 써넣어 덧셈식을 완성해 보세요.

(1)
$$8 + 6 = 14$$
$$\square + 7 = 15$$

(2)
$$7 + 8 = 15$$
$$7 + \square = 16$$

**3-4** 합이 14가 되도록 □ 안에 알맞은 수를 써넣으세요.

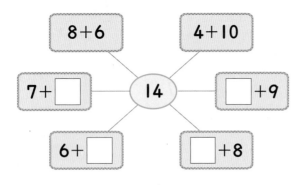

**3-5** 합이 같은 것끼리 선으로 이어 보세요.

6+7 ·          · 8+7

9+5 ·          · 7+6

7+8 ·          · 5+9

□ 안에 알맞은 수를 써넣으세요.

✱ 11−4의 계산

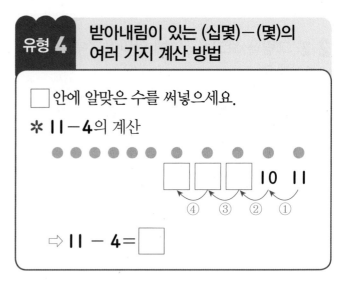

⇨ 11 − 4 = □

**4-1** 12−5는 얼마인지 여러 가지 방법으로 알아보세요.

(1) 바둑돌을 하나씩 짝지어 알아봅니다.

⇨ 검은 바둑돌이 흰 바둑돌보다 □개 더 많습니다.

(2) 연결 모형의 수를 비교하여 알아봅니다.

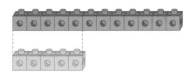

⇨ 빨간색 연결 모형이 노란색 연결 모형보다 □개 더 많습니다.

(3) 12−5는 얼마인가요?

$$12 - 5 = \square$$

**4-2** 어느 것이 몇 개 더 많은지 알맞은 말에 ○ 하고, □ 안에 알맞은 수를 써넣으세요.

( 사과, 귤 )가/이 □개 더 많습니다.

## 유형 5  받아내림이 있는 (십몇)−(몇)(1)

✱ **14−5**의 계산

**14**에서 **4**를 먼저 빼고 남은 **10**에서 **1**을 뺍니다.

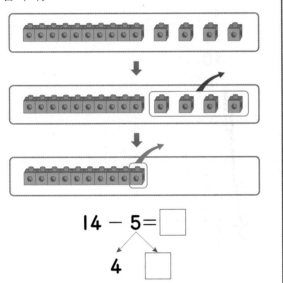

14 − 5 = ☐

4 ☐

**5-1** 그림을 보고 ☐ 안에 알맞은 수를 써넣으세요.

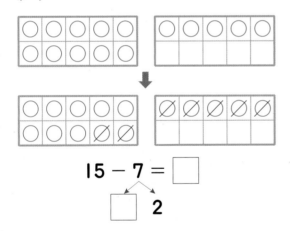

15 − 7 = ☐

☐ 2

**5-2** ☐ 안에 알맞은 수를 써넣으세요.

(1) 12 − 9 = ☐

☐ 7

(2) 14 − 8 = ☐

☐ 4

**5-3** /으로 지워 뺄셈을 해 보세요.

16−7= ☐

**5-4** 딸기가 **17**개 있습니다. 이 중에서 **9**개를 먹으면 남는 딸기는 몇 개인지 /으로 지워 구해 보세요.

( )개

**5-5** 유승이는 지난 일요일에 축구 경기를 하기 위해 동네의 어린이들을 모았습니다. 모인 어린이들은 모두 **15**명이었고 그중 남자 어린이가 **8**명이었습니다. 축구 경기를 하기 위해 모인 여자 어린이는 모두 몇 명인가요?

식 _____

답 _____ 명

유형 6    받아내림이 있는 (십몇)−(몇)(2)

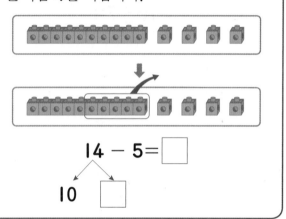

✽ 14−5의 계산

14를 10과 4로 가르기 하고 10에서 5를
뺀 다음 4를 더합니다.

$$14 − 5 = \boxed{\phantom{0}}$$

10 → $\boxed{\phantom{0}}$

6-1 그림을 보고 □ 안에 알맞은 수를 써넣으
세요.

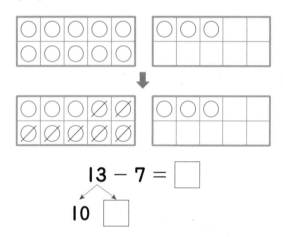

$$13 − 7 = \boxed{\phantom{0}}$$

10 → $\boxed{\phantom{0}}$

6-2 그림을 보고 □ 안에 알맞은 수를 써넣으
세요.

$$14 − 6 = \boxed{\phantom{0}}$$

10 → $\boxed{\phantom{0}}$

6-3 □ 안에 알맞은 수를 써넣으세요.

(1)  $12 − 5 = \boxed{\phantom{0}}$

10 → $\boxed{\phantom{0}}$

(2)  $16 − 8 = \boxed{\phantom{0}}$

10 → $\boxed{\phantom{0}}$

6-4 13−7을 두 가지 방법으로 계산해 보세
요.

방법1 13에서 3을 먼저 빼서 구하기

$$13 − 7 = \boxed{\phantom{0}}$$

3 → $\boxed{\phantom{0}}$

방법2 10에서 7을 빼서 구하기

$$13 − 7 = \boxed{\phantom{0}}$$

10 → $\boxed{\phantom{0}}$

6-5 뺄셈을 해 보세요.

(1) $12−7=\boxed{\phantom{0}}$

(2) $15−9=\boxed{\phantom{0}}$

6-6 초콜릿 18개 중 9개를 먹었습니다. 남은
초콜릿은 몇 개인가요?

(               )개

## 유형 7    여러 가지 뺄셈하기

□ 안에 알맞은 수를 써넣으세요.

$$11-2=\boxed{\phantom{0}}$$
$$11-3=\boxed{\phantom{0}}$$
$$11-4=\boxed{\phantom{0}}$$
$$11-5=\boxed{\phantom{0}}$$

빼지는 수는 같고, 빼는 수가 1씩 커지면 차는 □씩 작아집니다.

**7-1** 빈 곳에 알맞은 수를 써넣으세요.

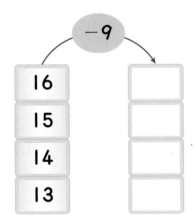

**7-2** □ 안에 알맞은 수를 써넣고 알맞은 말에 ◯ 하세요.

$$12-5=\boxed{\phantom{0}}$$
$$13-6=\boxed{\phantom{0}}$$
$$14-7=\boxed{\phantom{0}}$$
$$15-8=\boxed{\phantom{0}}$$

알게 된 점   빼지는 수와 빼는 수가 □씩

커지면 두 수의 차는

( 같습니다 , 커집니다 ).

표를 보고 물음에 답하세요. [7-3~7-4]

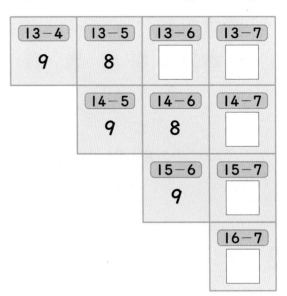

**7-3** □ 안에 알맞은 수를 써넣으세요.

**7-4** 표에서 규칙을 찾아 □ 안에 알맞은 수를 써넣고 알맞은 말에 ◯ 하세요.

(1) 오른쪽(→)으로 가면 차가 □씩

( 작아집니다 , 커집니다 ).

(2) 아래쪽( ↓ )으로 가면 차가 □씩

( 작아집니다 , 커집니다 ).

**7-5** 차가 같은 것끼리 선으로 이어 보세요.

| 13-6 · | · 16-7 |
| 15-7 · | · 14-6 |
| 17-8 · | · 12-5 |

**1** ☐ 안에 알맞은 수를 써넣으세요.

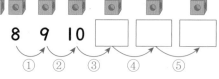

8  9  10  ☐  ☐  ☐
① ② ③ ④ ⑤

8+5= ☐

**2** 그림을 보고 ☐ 안에 알맞은 수를 써넣으세요.

(1)
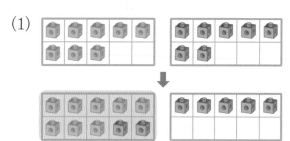

8+7= ☐

(2)
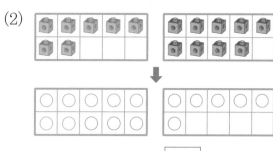

7+9= ☐

**3** ☐ 안에 알맞은 수를 써넣으세요.

7+6= ☐

**4** 초록색 색종이 6장과 빨간색 색종이 8장이 있습니다. 색종이는 모두 몇 장인지 알아보세요.

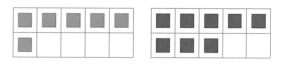

(1) 왼쪽 십 배열판에 10이 만들어지도록 ○를 그려서 덧셈을 하세요.

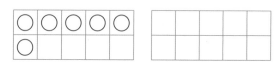

6+8= ☐

(2) 오른쪽 십 배열판에 10이 만들어지도록 ○를 그려서 덧셈을 하세요.

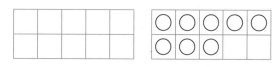

6+8= ☐

(3) 색종이는 모두 몇 장인가요?

(        )장

**5** 도넛이 9개 있었는데 8개를 더 사 왔습니다. 도넛은 모두 몇 개인지 ○를 그려 구하세요.

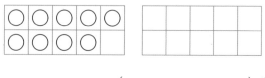

(        )개

**6** ☐ 안에 알맞은 수를 써넣으세요.

(1) $8 + 5 = \boxed{\phantom{0}}$
$\searrow \boxed{\phantom{0}} \ 3$

(2) $8 + 5 = \boxed{\phantom{0}}$
$\ 3 \ \boxed{\phantom{0}}$

**7** ☐ 안에 알맞은 수를 써넣으세요.

(1) $9 + 2 = 9 + \boxed{\phantom{0}} + 1$

$= \boxed{\phantom{0}} + 1 = \boxed{\phantom{0}}$

(2) $4 + 8 = 2 + \boxed{\phantom{0}} + 8$

$= 2 + \boxed{\phantom{0}} = \boxed{\phantom{0}}$

**8** 덧셈을 해 보세요.

(1) $6 + 6 = \boxed{\phantom{0}}$

(2) $5 + 7 = \boxed{\phantom{0}}$

**9** 빈 곳에 알맞은 수를 써넣으세요.

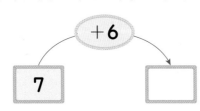

**10** ○ 안에 >, =, <를 알맞게 써넣으세요.

$9 + 4 \ \bigcirc \ 3 + 8$

**11** 다음 중 계산 결과가 14인 것은 어느 것인가요? ( )

① $7 + 6$  ② $4 + 8$
③ $9 + 4$  ④ $6 + 8$
⑤ $5 + 6$

**12** 빈칸에 알맞은 수를 써넣으세요.

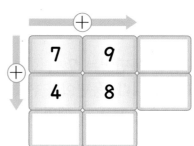

**13** 계산 결과가 가장 큰 것을 찾아 기호를 쓰세요.

㉠ $5 + 7$  ㉡ $8 + 9$  ㉢ $9 + 4$

( )

**14** 예슬이가 과녁 맞히기 놀이에서 두 번을 던져 **9**점과 **8**점을 받았습니다. 예슬이가 받은 점수의 합은 몇 점인지 덧셈식을 만들어 구하세요.

$$\boxed{\phantom{0}}+\boxed{\phantom{0}}=\boxed{\phantom{0}}$$

(          )점

**15** 초콜릿을 한초는 **7**개, 동생은 **6**개 먹었습니다. 두 사람이 먹은 초콜릿은 모두 몇 개인가요?

(          )개

**16** 구슬을 동민이는 **7**개, 한초는 **9**개 가지고 있습니다. 동민이와 한초가 가지고 있는 구슬은 모두 몇 개인가요?

(          )개

**17** 마당에 암탉과 수탉이 각각 **8**마리씩 있습니다. 마당에 있는 닭은 모두 몇 마리인가요?

(          )마리

**18** ☐ 안에 알맞은 수를 써넣으세요.

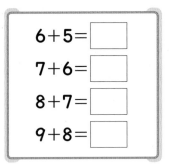

더해지는 수와 더하는 수가 각각 ☐ 씩 커지면 합은 ☐ 씩 커집니다.

**19** ☐ 안에 알맞은 수를 써넣으세요.

$$5+8=\boxed{\phantom{0}}$$
$$6+7=\boxed{\phantom{0}}$$
$$7+6=\boxed{\phantom{0}}$$
$$8+5=\boxed{\phantom{0}}$$

더해지는 수가 ☐ 씩 커지고, 더하는 수가 ☐ 씩 작아지면 합은 항상 같습니다.

**20** 합이 같은 것끼리 선으로 이어 보세요.

| 9+6 · | · 9+8 |
|---|---|
| 8+9 · | · 7+5 |
| 5+7 · | · 6+9 |

**21** 빈 곳에 알맞은 수를 써넣으세요.

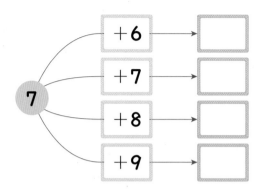

**22** 덧셈을 하여 ☐ 안에 알맞은 수를 써넣으세요.

| 5+5 | 5+6 | 5+7 | 5+8 |
|---|---|---|---|
| 10 | 11 | 12 | 13 |
| 6+5 | 6+6 | 6+7 | 6+8 |
| 11 | | | |
| 7+5 | 7+6 | 7+7 | 7+8 |
| 12 | | | |
| 8+5 | 8+6 | 8+7 | 8+8 |
| 13 | | | |

**23** 합이 같은 덧셈식에 알맞은 색을 칠해 보세요.

14    15    16    17

| | 6+8 | |
|---|---|---|
| 7+7 | 7+8 | 7+9 |
| 8+7 | 8+8 | 8+9 |
| 9+7 | 9+8 | |

**24** /으로 지워 뺄셈을 하세요.

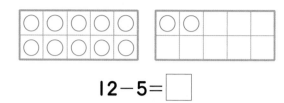

$$12-5=\boxed{\phantom{0}}$$

**25** ☐ 안에 알맞은 수를 써넣으세요.

(1)  $16 - 7 = \boxed{\phantom{0}}$
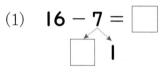

(2)  $16 - 7 = \boxed{\phantom{0}}$

10 ☐

**26** ☐ 안에 알맞은 수를 써넣으세요.

$$12-6=\boxed{\phantom{0}}$$

**27** 뺄셈을 해 보세요.

(1) $11-7=\boxed{\phantom{0}}$

(2) $15-6=\boxed{\phantom{0}}$

**28** 색종이 15장 중에서 8장을 사용했습니다. 남은 색종이는 몇 장인지 그림을 그리고 ☐ 안에 알맞은 수를 써넣어 알아보세요.

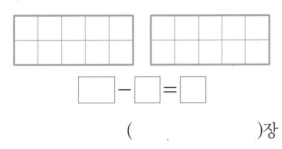

☐ − ☐ = ☐

(              )장

**29** 빈칸에 두 수의 차를 써넣으세요.

| 16 | 9 |
|----|----|
|    |    |

**30** ☐ 안에 알맞은 수를 써넣으세요.

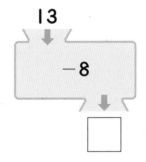

**31** ○ 안에 >, =, <를 알맞게 써넣으세요.

**32** 계산 결과가 가장 작은 것부터 차례대로 기호를 쓰세요.

> ㉠ 11−2　㉡ 14−7　㉢ 13−5

(                        )

**33** 한초는 연필을 15자루 가지고 있고, 예슬이는 한초보다 연필을 6자루 더 적게 가지고 있습니다. 예슬이가 가지고 있는 연필은 몇 자루인가요?

(                )자루

**34** 동민이가 12개의 고리를 던졌는데 5개가 걸렸습니다. 걸리지 않은 고리는 몇 개인가요?

(              )개

**35** 동민이는 제기를 13번, 규형이는 7번 각각 찼습니다. 동민이는 규형이보다 제기를 몇 번 더 찼나요?

(              )번

**36** □ 안에 알맞은 수를 써넣으세요.

15−6=□
16−7=□
17−8=□
18−9=□

빼지는 수와 빼는 수가 모두 □씩 커지
면 차가 같습니다.

**37** □ 안에 알맞은 수를 써넣으세요.

12−9=□
13−8=□
14−7=□
15−6=□

빼지는 수가 □씩 커지고, 빼는 수가
□씩 작아지면 차는 □씩 커집니다.

**38** 차가 같은 것끼리 선으로 이어 보세요.

14−8 ·    · 15−9
11−3 ·    · 13−6
16−9 ·    · 16−8

**39** 뺄셈을 하여 □ 안에 알맞은 수를 써넣으세요.

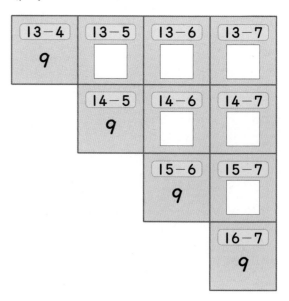

| 13−4 | 13−5 | 13−6 | 13−7 |
| 9 | □ | □ | □ |
| | 14−5 | 14−6 | 14−7 |
| | 9 | □ | □ |
| | | 15−6 | 15−7 |
| | | 9 | □ |
| | | | 16−7 |
| | | | 9 |

**4** 단원

**40** 차가 같은 뺄셈식에 알맞은 색을 칠해 보세요.

6  7  8  9

| 12−6 | | | |
| 13−6 | 13−7 | | |
| 14−6 | 14−7 | 14−8 | |
| 15−6 | 15−7 | 15−8 | 15−9 |

**41** 차가 7인 뺄셈식을 모두 찾아 ○표 하세요.

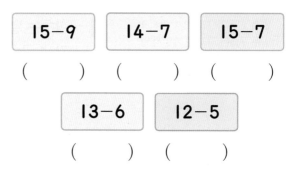

| 15−9 | 14−7 | 15−7 |
| (   ) | (   ) | (   ) |

| 13−6 | 12−5 |
| (   ) | (   ) |

**1** 계산 결과가 가장 큰 것부터 차례대로 기호를 쓰세요.

> ㉠ 9+3   ㉡ 7+7   ㉢ 5+6   ㉣ 6+7

(             )

**2** 6장의 수 카드를 2장씩 모아 10이 되도록 짝지으려고 합니다. 짝지어지지 않는 수 카드에 적힌 수들의 합을 구하세요.

> 4   7   8   6   5   2  .

(             )

**3** 1부터 9까지의 숫자 중에서 ☐ 안에 들어갈 수 있는 숫자는 모두 몇 개인가요?

> $5+9<1\square$

(           )개

먼저 한초와 가영이가 가지고 있는 구슬은 각각 몇 개인지 알아봅니다.

**4** 한초는 빨간색 구슬 5개, 파란색 구슬 8개를 가지고 있고 가영이는 빨간색 구슬 4개, 파란색 구슬 7개를 가지고 있습니다. 한초와 가영이 중에서 누가 구슬을 몇 개 더 많이 가지고 있나요?

(        ), (        )개

☆이 있는 칸에 들어갈 덧셈식을 먼저 알아봅니다.

**5** 표에 들어 있는 덧셈식은 일정한 규칙이 있습니다. ☆이 있는 칸에 들어갈 덧셈식과 합이 같은 덧셈식을 찾아 쓰세요.

| 7+7 | 7+8 | 7+9 |
|-----|-----|-----|
| 8+7 | ☆ | 8+9 |
| 9+7 | 9+8 | 9+9 |

☐+☐
☐+☐

**6** 가로로 덧셈식이 되는 수를 찾아 ⊕ ⊜ 하세요.

| ⑤ | + | ⑧ | = | ⑬ | 16 | 2 |
|---|---|---|---|---|----|---|
| 9 | 13 | 7 | 5 | 12 |
| 14 | 6 | 5 | 11 | 9 |
| 3 | 10 | 8 | 7 | 15 |

**7** 지혜, 가영, 예슬 세 사람은 수 카드를 **2**장씩 골라서 카드에 적힌 두 수의 차가 가장 큰 사람이 이기는 놀이를 하였습니다. 놀이에서 이긴 사람은 누구인가요?

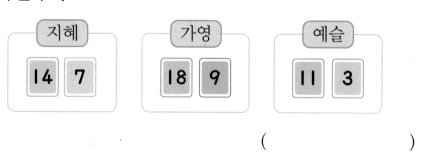

지혜 14 7    가영 18 9    예슬 11 3

(          )

**8** 가장 큰 수에서 가장 작은 수를 뺀 값을 구하세요.

| 10 | 7 | 12 | 5 | 11 |

( )

**9** 두 수의 차가 가장 큰 것부터 차례로 선으로 이어 보세요.

18−9 · · 12−8

15−9 · · 13−6

15−7 · · 13−8

**10** 다음을 보고 ▲의 값을 구하세요.

7+8=■   ■−9=▲

( )

빼셈 기호가 있으므로 빼셈식을 만들어야 합니다.

**11** 주어진 수와 기호로 알맞은 식 **2**개를 만들어 보세요.

6   13   7   −   =

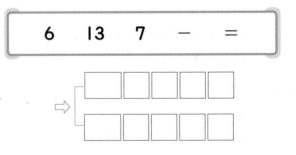

**12** I부터 **9**까지의 수 중에서 ☐ 안에 들어갈 수 있는 수는 모두 몇 개인가요?

$$14 - \square < 8$$

(           )개

먼저 노란 구슬이 몇 개 들어 있는지 알아봅니다.

**13** 상자 안에 빨간 구슬이 **7**개, 파란 구슬이 **12**개, 노란 구슬이 파란 구슬보다 **4**개 적게 들어 있습니다. 빨간 구슬과 노란 구슬은 모두 몇 개인가요?

(           )개

**14** I부터 **9**까지 수가 적혀 있는 공이 한 개씩 들어 있는 주머니가 있습니다. 주머니에서 꺼낸 두 개의 공에 적힌 두 수의 합이 더 크면 이기는 놀이를 합니다. 동민이가 이기려면 어떤 수가 적힌 공을 꺼내야 하나요?

영수 : 나는 **8**과 **6**을 꺼냈어.
동민 : 나는 **7**을 꺼냈어. 뭘 꺼내야 이길 수 있을까?

(           )

**01** ㉠+㉡+㉢의 값을 구하세요.

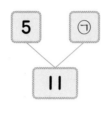
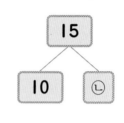
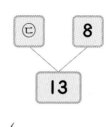

(                    )

**02** 계산 결과가 같은 것끼리 선으로 이어 보세요.

| 4+9 · | · 11−6 · | · 8+5 |
| 13−5 · | · 7+6 · | · 17−9 |
| 14−9 · | · 15−7 · | · 12−7 |

**03** 영수, 한별, 효근이가 고리 던지기 놀이를 각각 2번씩 하여 얻은 점수입니다.
점수의 합이 가장 큰 사람은 누구인가요?

영수 : 6점, 8점    한별 : 2점, 9점    효근 : 7점, 6점

(                    )

## 04

・■보다 ▲ 큰 수
  ⇨ ■＋▲
・■보다 ▲ 작은 수
  ⇨ ■－▲

㉠과 ㉡의 차를 구하세요.

> ㉠ 9보다 7 큰 수
> ㉡ 13보다 6 작은 수

(                    )

## 05

뺄셈식이 되는 수를 찾아 $\boxed{-}$ $\boxed{=}$ 하세요. (단, 가로 방향이나 세로 방향으로 식이 되는 세 수를 찾아야 합니다.)

| 16 | － | 9 | ＝ | 7 | 12 | 7 | 3 |
|----|---|---|---|---|----|----|----|
| 17 | | 8 | | 9 | 8 | 15 | 11 |
| 9 | | 14 | | 5 | 4 | 10 | 6 |
| 8 | | 15 | | 7 | 8 | 13 | 5 |

## 06

0부터 9까지의 숫자 중에서 ☐ 안에 들어갈 수 있는 숫자는 모두 몇 개인가요?

$$1\square - 5 < 9$$

(                    )개

**07** 다음을 보고 ☐의 값을 구하세요.

$$★ + ★ = 14$$
$$16 - ★ = ▲$$
$$☐ - 5 = ▲$$

(            )

**08** 다음 계산에서 ㉠은 같은 수입니다. ㉠에 알맞은 수는 얼마인가요?

13에서 어떤 수를 빼면 5가 되는지 알아봅니다.

$$13 - ㉠ - ㉠ = 5$$

(            )

**09** 다음 숫자 카드 중 서로 다른 **2**장을 뽑아 한 번씩만 사용하여 가장 작은 십몇을 만들었습니다. 만든 수에서 남은 **2**장의 숫자 카드의 수를 차례로 빼면 얼마인가요?

| 1 | 5 | 7 | 6 |

(            )

**10** 다음과 같이 두 개의 판에 화살을 쏘고 있습니다. 화살이 꽂힌 곳에 적혀 있는 수만큼 ● 모양의 판은 점수를 얻고, ■ 모양의 판은 점수를 내주어야 합니다. 가영이가 쏜 화살은 17과 8에 꽂혔고, 예슬이가 쏜 화살은 15와 7에 꽂혔습니다. 가영이와 예슬이 중 누가 몇 점을 더 얻었나요?

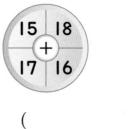

(            ), (           )점

**11** 어떤 수에서 6을 빼야 할 것을 잘못하여 더했더니 15가 되었습니다. 바르게 계산한 값을 구하세요.

(           )

**12** 웅이와 신영이가 계단에서 가위바위보를 하고 있습니다. 이기면 4칸 올라가고, 지면 1칸 올라갑니다. 같은 위치에서 시작하여 웅이가 3번 이기고 1번 졌다면, 웅이는 신영이보다 몇 칸 위에 있나요?

웅이가 ■번 이기고 ▲번 졌다면, 신영이는 ▲번 이기고 ■번 졌습니다.

(          )칸

**1** ☐ 안에 알맞은 수를 써넣으세요.

$7+4=\boxed{\phantom{0}}$

**2** 십 배열판을 사용하여 (몇)+(몇)을 구하려고 합니다. ☐ 안에 알맞은 수를 써넣으세요.

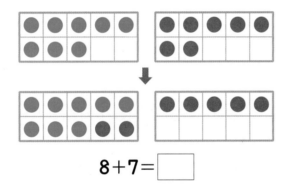

$8+7=\boxed{\phantom{0}}$

**3** ☐ 안에 알맞은 수를 써넣으세요.

(1) $9 + 8 = \boxed{\phantom{0}}$

$\boxed{\phantom{0}}\quad 7$

(2) $4 + 7 = \boxed{\phantom{0}}$

$1\quad \boxed{\phantom{0}}$

**4** ○ 안에 >, =, <를 알맞게 써넣으세요.

$8+6 \bigcirc 3+9$

**5** 빈칸에 알맞은 수를 써넣으세요.

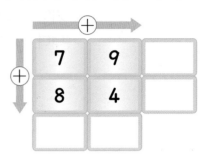

**6** 영수는 연필을 **7**자루 가지고 있었는데 형이 **5**자루를 더 주었습니다. 영수가 가지고 있는 연필은 모두 몇 자루인가요?

( )자루

**7** 팥 붕어빵이 **6**개, 크림 붕어빵이 **9**개 있습니다. 붕어빵은 모두 몇 개인가요?

( )개

**8** ☐ 안에 알맞은 수를 써넣으세요.

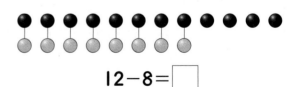

$12-8=\boxed{\phantom{0}}$

**9** ☐ 안에 알맞은 수를 써넣으세요.

(1) $11 - 5 = $ ☐

☐   4

(2) $13 - 8 = $ ☐

10 ☐

**10** 계산 결과가 **9**인 것을 모두 찾아 ○표 하세요.

| 15-6 | 12-5 | 16-7 |
|------|------|------|
| (    ) | (    ) | (    ) |

| 11-3 | 17-8 |
|------|------|
| (    ) | (    ) |

**11** 빈칸에 알맞은 수를 써넣으세요.

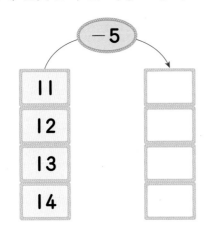

-5

| 11 | |
| 12 | |
| 13 | |
| 14 | |

**12** 빈 곳에 알맞은 수를 써넣으세요.

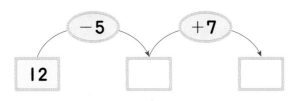

-5     +7

| 12 | ☐ | ☐ |

**13** 계산 결과가 가장 큰 것을 찾아 기호를 쓰세요.

㉠ 15-9   ㉡ 14-7   ㉢ 13-8

(          )

**14** 가장 큰 수와 가장 작은 수의 차를 구하세요.

| 15 | 9 | 7 | 11 |

(          )

**15** 동화책은 **13**권, 위인전은 **8**권 있습니다. 동화책은 위인전보다 몇 권 더 많나요?

(          )권

**16** 웅이는 양손에 동전을 모두 **12**개 쥐고 있습니다. 왼손에 **7**개를 쥐고 있다면 오른손에 쥐고 있는 동전은 몇 개인가요?

(            )개

석기와 한별이가 과녁 맞히기 놀이를 하였습니다. 물음에 답하세요. **[17~18]**

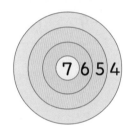

**17** 한별이는 **7**점과 **6**점을 **1**번씩 맞혔습니다. 한별이가 얻은 점수는 몇 점인가요?

(            )점

**18** 석기는 **3**번 모두 다른 점수의 과녁을 맞혀서 **16**점을 얻었습니다. 석기가 맞힌 과녁은 각각 몇 점인가요?

(            )점
(            )점
(            )점

**19** 동민이는 빨간색 풍선과 노란색 풍선을 가지고 있습니다. 빨간색 풍선이 **5**개이고 노란색 풍선이 빨간색 풍선보다 **3**개 더 많습니다. 동민이가 가지고 있는 풍선은 모두 몇 개인지 풀이 과정을 쓰고 답을 구하세요.

풀이 _____

_____

_____

_____

답 _____ 개

**20** 어머니께서 사과 **16**개와 귤 **15**개를 사오셨습니다. 그중에서 사과를 **9**개, 귤을 **6**개 각각 먹었습니다. 사과와 귤 중 어느 것이 몇 개 더 많이 남았는지 풀이 과정을 쓰고 답을 구하세요.

풀이 _____

_____

_____

_____

답 _____ , _____ 개

# 단원 5 규칙 찾기

## 이번에 배울 내용

## 1 규칙 찾기

✽ 색이 반복되는 규칙

⇨ 빨간색과 파란색이 반복되는 규칙입니다.

✽ 모양이 반복되는 규칙

⇨ ■, △, ○가 반복되는 규칙입니다.

## 2 규칙 만들기(1)

• 빨간색, 초록색이 반복되는 규칙 만들기

• 파란색, 노란색, 노란색이 반복되는 규칙 만들기

• 연필, 지우개, 지우개가 반복되는 규칙 만들기

## 3 규칙 만들기(2)

✽ 무늬에서 규칙을 찾아보기

⇨ 빨간색과 노란색이 반복되는 규칙입니다.

✽ 규칙을 만들어 무늬 꾸미기

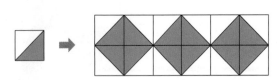

**확인문제**

❶ 규칙을 찾아 ☐ 안에 알맞은 말을 써 넣으세요.

⇨ ☐, ☐, ☐ 이 반복되는 규칙입니다.

❷ 규칙에 따라 ☐ 안에 알맞은 그림을 그려 넣으세요.

❸ 파란색, 초록색이 반복되는 규칙을 만든 것에 ○표 하세요.

❹ 무늬를 보고 물음에 답하세요.

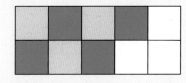

(1) 어떤 규칙이 있는지 써 보세요.

노란색과 ☐ 이 반복되는 규칙이 있습니다.

(2) 규칙에 따라 빈칸에 알맞게 색칠해 보세요.

**4 수 배열에서 규칙 찾기**

- ⑤—⑧—⑤—⑧—⑤—⑧

  ⇨ **5**와 **8**이 반복되는 규칙입니다.

- ⑪—⑬—⑮—⑰—⑲—㉑

  ⇨ **2**씩 커지는 규칙입니다.

- ㊴—㊱—㉝—㉚—㉗—㉔

  ⇨ **3**씩 작아지는 규칙입니다.

**5 수 배열표에서 규칙 찾기**

| 31 | 32 | 33 | 34 | 35 | 36 | 37 | 38 | 39 | 40 |
|----|----|----|----|----|----|----|----|----|----|
| 41 | 42 | 43 | 44 | 45 | 46 | 47 | 48 | 49 | 50 |
| 51 | 52 | 53 | 54 | 55 | 56 | 57 | 58 | 59 | 60 |
| 61 | 62 | 63 | 64 | 65 | 66 | 67 | 68 | 69 | 70 |

⟶ : **1**씩 커지는 규칙이 있습니다.

↓ : **10**씩 커지는 규칙이 있습니다.

↘ : **11**씩 커지는 규칙이 있습니다.

↙ : **9**씩 커지는 규칙이 있습니다.

**6 규칙을 여러 가지 방법으로 나타내기**

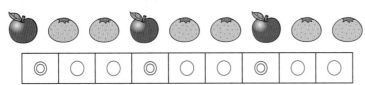

| ◎ | ○ | ○ | ◎ | ○ | ○ | ◎ | ○ | ○ |
|---|---|---|---|---|---|---|---|---|

⇨ 🍎를 ◎, 🍊을 ○라고 정하여 위와 같이 나타낼 수 있습니다.

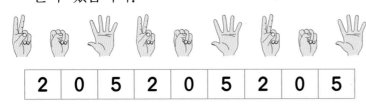

| 2 | 0 | 5 | 2 | 0 | 5 | 2 | 0 | 5 |
|---|---|---|---|---|---|---|---|---|

⇨ ✌를 **2**, ✊를 **0**, ✋를 **5**라고 정하여 위와 같이 나타낼 수 있습니다.

---

## 확인문제

**5** 규칙을 찾아 빈 곳에 알맞은 수를 써넣으세요.

(1) ⑥—②—⑥—②—◯—②

(2) ㉑—㉕—㉙—◯—㊲—◯

(3) ㊿—㊽—◯—㊹—◯—㊵

**6** 수 배열표를 보고 □ 안에 알맞은 수를 써넣으세요.

| 20 | 21 | 22 | 23 | 24 | 25 |
|----|----|----|----|----|----|
| 26 | 27 | 28 | 29 | 30 | 31 |
| 32 | 33 | 34 | 35 | 36 | 37 |
| 38 | 39 | 40 | 41 | 42 | 43 |

(1) ⟶ 위에 있는 수들은

□ 씩 커지는 규칙이 있습니다.

(2) ↓ 위에 있는 수들은

□ 씩 커지는 규칙이 있습니다.

**7** 규칙에 따라 빈칸에 □, ○를 나타내 보세요.

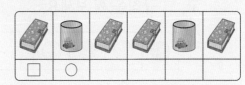

| □ | ○ |  |  |  |  |
|---|---|---|---|---|---|

**8** 보기 의 규칙에 따라 빈칸에 알맞은 수를 써넣으세요.

보기

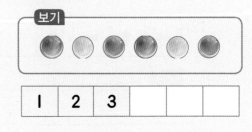

| 1 | 2 | 3 |  |  |  |
|---|---|---|---|---|---|

**유형 1** 규칙 찾기

반복되고 있는 부분을 찾아 왼쪽에서부터 묶어 보세요.

**1-1** 규칙에 따라 ☐ 안에 들어갈 알맞은 물건을 찾아 ◯표 하세요.

(　　　　) (　　　　) (　　　　)

**1-2** 규칙에 따라 ☐ 안에 들어갈 알맞은 모양을 그려 넣으세요.

**1-3** 규칙에 따라 빈칸에 알맞은 모양을 그리고, 그 규칙을 써 보세요.

(1)
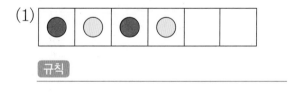

규칙

(2)

규칙

**1-4** 규칙에 따라 ☐ 안에 알맞은 모양을 그려 넣으세요.

(1)

(2)

**1-5** ★, ♥, ◆가 반복되는 규칙으로 늘어놓을 때, ◆가 들어갈 곳의 기호를 모두 쓰세요.

(　　　　　　　　　　　　　　　　)

**1-6** 같은 박자가 반복되는 악보입니다. 규칙에 따라 악보를 완성해 보세요.

## 유형 2 │ 규칙 만들기(1)

별과 해가 반복되는 규칙을 만들어 보세요.

**2-1** ◯, △, △가 반복되는 규칙을 만들어 보세요.

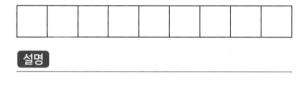

**2-2** 바둑돌(●, ◯)로 규칙을 만들고, 만든 규칙을 설명해 보세요.

설명

**2-3** ▢와 △로 서로 다른 규칙을 만들어 보세요.

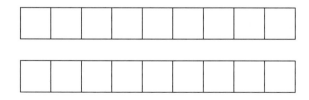

## 유형 3 │ 규칙을 만들기(2)

규칙에 따라 알맞은 색으로 빈칸을 색칠해 보세요.

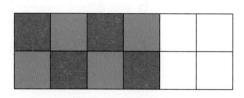

**3-1** 규칙에 따라 빈칸에 알맞은 모양을 그리고 색칠해 보세요.

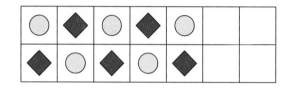

**3-2** 무늬에서 규칙을 찾아 써 보세요.

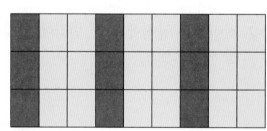

규칙

**3-3** 보기를 이용하여 규칙에 따라 무늬를 꾸며 보세요.

보기

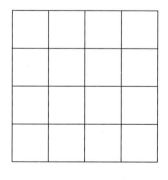

유형 **4**　수 배열에서 규칙 찾기

반복되는 규칙에 따라 빈 곳에 알맞은 수를 써넣으세요.

(1)

(2)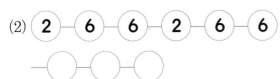

**4-1** 커지는 규칙에 따라 빈칸에 알맞은 수를 써넣으세요.

(1)

(2)

**4-2** 작아지는 규칙에 따라 빈칸에 알맞은 수를 써넣으세요.

(1) | 35 | 32 | | 26 | |

(2) | 87 | 77 | | 57 | |

**4-3** 다음 수 배열에서 규칙을 찾아 써 보세요.

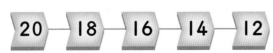

규칙

규칙을 찾아 물음에 답하세요. **[4-4~4-5]**

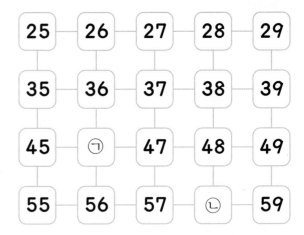

**4-4** ㉠과 ㉡에 알맞은 수를 각각 구해 보세요.

㉠ (　　　　　　　), ㉡ (　　　　　　　)

**4-5** □ 안의 수들은 어떤 규칙으로 놓여 있는지 써 보세요.

규칙

**4-6** 84부터 5씩 작아지는 규칙에 따라 빈칸에 알맞은 수를 써넣으세요.

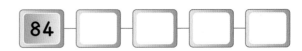

**4-7** 내가 정한 규칙에 따라 수를 늘어놓고 어떤 규칙인지 써 보세요.

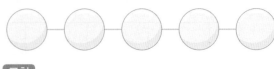

규칙

## 유형 5 · 수 배열표에서 규칙 찾기

색칠한 수들의 규칙을 찾아 ♥에 알맞은 수를 구해 보세요.

| 61 | 62 | 63 | 64 | 65 | 66 | 67 | 68 |
|----|----|----|----|----|----|----|----|
| 69 | 70 | 71 | 72 | 73 | 74 | 75 | 76 |
|    |    |    |    | 81 |    |    |    |
|    |    |    |    | ♥  |    |    |    |

(          )

**5-1** ▓▓ 을 칠한 규칙에 따라 나머지 부분에 색칠해 보세요.

| 71 | 72 | 73 | 74 | 75 | 76 | 77 | 78 | 79 | 80 |
|----|----|----|----|----|----|----|----|----|----|
| 81 | 82 | 83 | 84 | 85 | 86 | 87 | 88 | 89 | 90 |
| 91 | 92 | 93 | 94 | 95 | 96 | 97 | 98 | 99 | 100 |

**5-2** 수 배열표를 보고 물음에 답하세요.

| 60 | 61 | 62 | 63 | 64 | 65 | 66 | 67 | 68 | 69 |
|----|----|----|----|----|----|----|----|----|----|
| 70 | 71 | 72 | 73 | 74 | 75 | 76 | 77 | 78 | 79 |
| 80 | 81 | 82 | 83 | 84 | 85 | 86 | 87 | 88 | 89 |
| 90 | 91 | 92 | 93 | 94 | 95 | 96 | 97 | 98 | 99 |

(1) ☐ 으로 둘러싸인 수들과 같은 규칙이 되도록 빈칸에 알맞은 수를 써넣으세요.

| 20 | 30 |   |   |   |
|----|----|---|---|---|

(2) ▓ 으로 칠해진 칸에 있는 수들은 아래로 내려가면서 몇씩 커지는 규칙이 있나요?

(          )

## 유형 6 · 규칙을 찾아 여러 가지 방법으로 나타내기

연필과 지우개를 규칙에 따라 늘어놓았습니다. 같은 규칙에 따라 ☐ 안에 알맞은 모양을 그려 보세요.

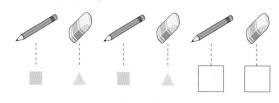

**6-1** 규칙에 따라 ♡와 ○를 사용하여 나타내 보세요.

| ⚾ | ⚽ | ⚽ | ⚾ | ⚽ | ⚽ |
|---|---|---|---|---|---|
| ♡ | ○ | ○ |   |   |   |

**6-2** 규칙에 따라 빈 곳에 알맞은 그림을 그려 넣으세요.

| 🥕 | 🍆 | 🥕 | 🥕 | 🍆 | 🥕 |
|----|----|----|----|----|----|
| ◎ | △ |    |    |    |    |

**6-3** 보기 의 규칙에 따라 ☐ 안에 알맞은 수를 써넣으세요.

보기

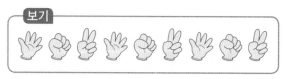

⇨ 5 0 2 5 0 2 ☐ ☐ ☐

**1** 규칙에 따라 빈칸에 알맞은 모양을 그려 넣으세요.

**2** 규칙에 따라 ☐ 안에 들어갈 알맞은 과일의 이름을 쓰세요.

( )

**3** 규칙에 따라 ☐ 안에 들어갈 알맞은 모양을 그려 넣고, 규칙을 써 보세요.

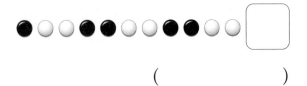

규칙

_____

_____

**4** 그림과 같은 규칙으로 바둑돌을 늘어놓았습니다. ☐ 안에 놓일 바둑돌은 어떤 색인지 쓰세요.

( )

**5** ◆, ★, ▲가 반복되는 규칙으로 늘어놓을 때, ★이 들어갈 곳의 기호를 모두 쓰세요.

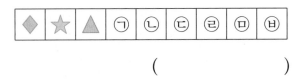

( )

**6** 규칙을 찾고 ☐ 안에 들어갈 알맞은 그림을 그려 넣으세요.

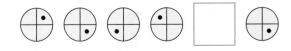

**7** ☐ 안에 들어갈 모양과 비슷한 물건을 주변에서 두 가지만 찾아 쓰세요.

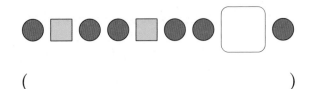

( )

**8** 규칙에 알맞게 말한 사람을 찾아 ○표 하세요.

예나 : 빨간색, 초록색이 반복돼.

( )

형석 : 빨간색, 초록색, 빨간색이 반복돼.

( )

**9** 규칙에 따라 ◯ 안에 들어갈 글자를 써넣으세요.

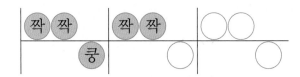

**10** 규칙에 따라 알맞게 색칠해 보세요.

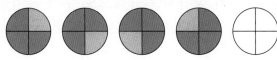

**11** 규칙에 따라 알맞은 색으로 빈칸을 색칠하세요.

**12** 규칙에 따라 알맞은 색으로 빈칸을 색칠하세요.

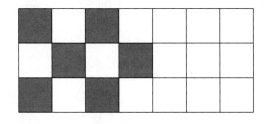

**13** 규칙에 따라 빈칸을 채워 무늬를 완성하세요.

**5** 단원

**14** ▮ 를 이용하여 규칙을 만들어 무늬를 꾸며 보세요.

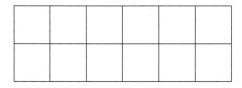

**15** ◣ 를 이용하여 규칙을 만들어 무늬를 꾸며 보세요.

**16** ◥ 모양으로 규칙을 만들어 무늬를 꾸며 보세요.

**17** △, ● 모양으로 규칙을 만들어 무늬를 꾸미고, 꾸민 규칙을 써 보세요.

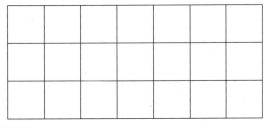

규칙

**18** 규칙에 따라 빈 곳에 알맞은 수를 써넣으세요.

(1)

(2)

**19** 다음 수들의 규칙을 찾아 쓰세요.

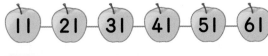

규칙

**20** 규칙에 따라 빈 곳에 알맞은 수를 써넣으세요.

**21** 규칙에 따라 빈 곳에 알맞은 수를 써넣으세요.

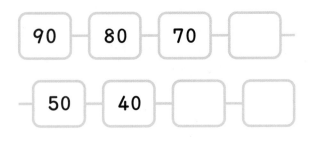

**22** 6씩 작아지는 규칙으로 수를 늘어놓으려고 합니다. ㉠에 알맞은 수를 구하세요.

| 78 | | | | ㉠ |

( 　　　　　　 )

**23** 규칙에 따라 빈 곳에 알맞은 수를 써넣으세요.

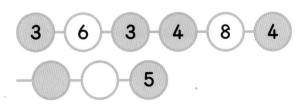

**24** 규칙에 따라 빈 곳에 알맞은 수를 써넣으세요.

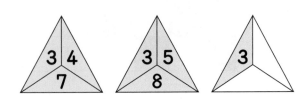

**25** 규칙에 따라 빈 곳에 알맞은 수를 써넣으세요.

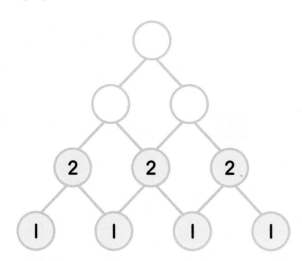

**26** 70부터 보기와 같은 규칙으로 수를 배열하려고 합니다. ㉠에 알맞은 수를 구해보세요.

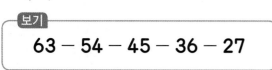

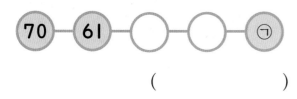

(　　　　　　　)

**27** 계산기의 숫자판에 있는 수 배열입니다. 여러 가지 규칙을 찾아 써 보세요.

| 7 | 8 | 9 |
| 4 | 5 | 6 |
| 1 | 2 | 3 |

규칙

**28** 수 배열표를 보고 물음에 답하세요.

| 51 | 52 | 53 | 54 | 55 | 56 | 57 | 58 | 59 | 60 |
| 61 | 62 | 63 | 64 | 65 | 66 | 67 | 68 | 69 | 70 |
| 71 | 72 | 73 | 74 | 75 | 76 | 77 | 78 | 79 | 80 |
| 81 | 82 | 83 | 84 | 85 | 86 | 87 | 88 | 89 | 90 |

(1) → 위에 있는 수들과 같은 규칙이 되도록 빈 곳에 알맞은 수를 써 넣으세요.

(2) ↓ 위에 있는 수들과 같은 규칙이 되도록 빈 곳에 알맞은 수를 써 넣으세요.

**29** 수 배열표를 보고 물음에 답하세요.

| 21 | 22 | 23 | 24 | 25 | 26 | 27 | 28 |
| 29 | 30 | 31 | 32 | 33 | 34 | 35 | 36 |
| 37 | 38 | 39 |  |  |  |  |  |
| 45 | 46 |  |  |  |  |  | ★ |

(1) ★에 알맞은 수를 구하세요.

(　　　　　　　)

(2) 노란색으로 색칠한 수들과 같은 규칙에 따라 빈 곳에 알맞은 수를 써넣으세요.

**30** 규칙을 찾아 ★과 ♥에 알맞은 수를 각각 구해 보세요.

| 1 | 2 | 3 | 4 | 5 | 6 |
|---|---|---|---|---|---|
| 7 | 8 | 9 | 10 | 11 | 12 |
| 13 | | | | ★ | |
| 19 | | | ♥ | | |

★ (          ), ♥ (          )

**31** 30의 수 배열표에서 규칙을 찾아 ☐ 안에 알맞은 수를 써넣으세요.

⟶ 방향으로는 ☐씩 커집니다.

↓ 방향으로는 ☐씩 커집니다.

↘ 방향으로는 ☐씩 커집니다.

↙ 방향으로는 ☐씩 커집니다.

**32** 규칙에 따라 빈칸에 알맞은 수를 써넣으세요.

| 56 | | | 59 | | | 62 |
|---|---|---|---|---|---|---|
| | | 65 | | | 68 | |
| | 71 | | | | | |
| | | | | | | |

**33** 수 배열표에서 규칙을 찾아 색칠한 칸에 알맞은 수를 써넣으세요.

| | 62 | | | 66 | |
|---|---|---|---|---|---|
| | | | | | 74 |
| | 76 | | | | |
| 82 | | | | | 88 |

**34** 수 배열표에서 초록색으로 색칠한 칸에 들어가는 수들과 같은 규칙이 되도록 빈 곳에 알맞은 수를 써넣으세요.

| 36 | 37 | | 39 | | 41 |
|---|---|---|---|---|---|
| | | | 45 | | |
| | | | | | 53 |
| | | | 57 | | |

**35** 규칙에 따라 수를 쓴 수 배열표가 찢어졌습니다. 빈칸에 알맞은 수를 써넣으세요.

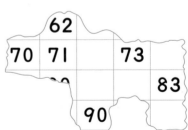

**36** 규칙을 찾아 ♥에 알맞은 수를 구해 보세요.

| 36 | | | | 41 |
|----|----|----|----|----|
| | 43 | | 46 | |
| | | 50 | | 53 |
| | 55 | | | |
| | | | ♥ | |

(          )

**37** 수 배열에서 찾을 수 있는 규칙을 **2**가지만 써 보세요.

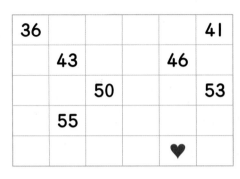

규칙 1

_____

규칙 2

_____

**38** 규칙에 따라 빈칸에 알맞은 수를 써넣으세요.

| 🏍 | 🚗 | 🏍 | 🚗 | 🏍 | 🚗 |
|----|----|----|----|----|----|
| 2 | 4 | | | | |

**39** 규칙에 따라 ◉와 ◯를 사용하여 나타내 보세요.

| ⚽ | ⚾ | ⚾ | ⚽ | ⚽ | ⚾ | ⚾ | ⚽ |
|----|----|----|----|----|----|----|----|

| ◉ | ◯ | | | | | | |
|----|----|----|----|----|----|----|----|

😊 영수가 규칙을 만들어 ■와 ★을 다음과 같이 늘어놓았습니다. 물음에 답하세요.

**[40~42]**

[40~42]

| ★ | ■ | ■ | ★ | ■ | ■ | ★ | ■ | ■ |
|----|----|----|----|----|----|----|----|----|

**5**
단원

**40** 영수가 만든 규칙에 따라 빈칸에 홀과 짝을 알맞게 써넣으세요.

| 짝 | 홀 | 홀 | | | | | | |
|----|----|----|----|----|----|----|----|----|

**41** 다른 규칙을 만들어 ■와 ★을 늘어놓고, 규칙을 써 보세요.

| | | | | | | | | |
|----|----|----|----|----|----|----|----|----|

규칙 _____

**42** 규칙에 따라 빈칸에 알맞은 주사위의 눈을 그리고 알맞은 수를 써넣으세요.

| ⚁ | ⚃ | ⚅ | | ⚃ | ⚅ |
|----|----|----|----|----|----|
| 2 | 4 | 6 | 2 | | |

**1** 동민이가 물건들을 다음과 같이 늘어놓았습니다. 어떤 규칙이 있는지 쓰세요.

_____

_____

**2** 규칙에 따라 알맞게 색칠해 보세요.

먼저 규칙에 따라 색을 각각 어떤 모양으로 바꾸었는지 알아봅니다.

**3** 규칙에 따라 □, △, ○, ☆을 사용하여 나타내세요.

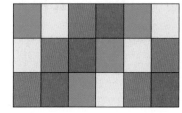 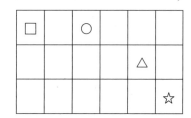

**4** 규칙에 따라 ◯와 ▢에 들어갈 그림에서 펼친 손가락은 모두 몇 개인가요?

(             )개

**5** 규칙에 따라 빈칸에 들어갈 알맞은 모양을 그려 넣었을 때, ▲ 모양과
⬤ 모양 중 어느 모양이 몇 개 더 많나요?

| ▲ | ⬤ | ⬤ | ▲ | ⬤ | ⬤ |  |  |  |  | ▲ |

( )모양, ( )개

처음에 놓여 있는 축구공의 위치를 확인하면서 반복되는 부분을 찾아봅니다.

**6** 규칙에 따라 공을 늘어놓았습니다. **29**번째에 놓은 공은 어떤 모양인가요?

( )

**7** 어떤 규칙에 따라 그린 그림입니다. 규칙에 맞도록 색을 칠할 때, 더 색칠할 부분에 적힌 수들을 모두 합하면 얼마인가요?

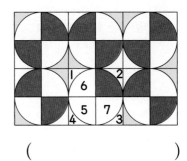

( )

**8** 규칙에 따라 다음과 같이 모양을 늘어놓으려고 합니다. 열여섯째 그림에 알맞은 모양을 그려 넣으세요.

■ ★ ● ▲ ■ ★ ● ▲ ‥‥‥‥ ☐

열여섯째

**9** ◩ , ☐ 모양을 이용하여 규칙을 만들어 무늬를 꾸며 보세요.

| | | | | | | | |
|---|---|---|---|---|---|---|---|
| | | | | | | | |

**74부터 몇씩 작아지는 규칙인지 알아봅니다.**

**10** 규칙에 따라 수를 늘어놓았습니다. ㉠과 ㉡의 차를 구하세요.

74 — ㉠ — 60 — 53 — ㉡ — 39 — 32

( )

**10 작은 수는 10개씩 묶음의 수가 1 작은 수입니다.**

**11** 수 배열표의 일부분입니다. ♣ 에 알맞은 수보다 10 작은 수를 구하세요.

| ♣ | | | | | | | |
|---|---|---|---|---|---|---|---|
| | | | | | | | |
| | | | | | | | 45 |
| 46 | 47 | 48 | 49 | 50 | 51 | 52 | 53 |

( )

**12** 규칙에 따라 수를 써넣었습니다. ㉠에 알맞은 수를 구해 보세요.

(                    )

**13** 1부터 100까지의 수를 규칙에 따라 오른쪽과 같이 표에 써넣으려고 합니다. 47은 ①에서 ⑤까지의 칸 중 어느 칸에 적어야 하나요?

(            )

| ① | ② | ③ | ④ | ⑤ |
|---|---|---|---|---|
| 1 | 2 | 3 | 4 | 5 |
| 6 | 7 | 8 | 9 | 10 |
| 11 | 12 | 13 | 14 | 15 |

**14** 다음은 어떤 규칙에 따라 수들을 늘어놓은 것입니다. ☐ 안에 알맞은 수를 구해 보세요.

60, 59, 57, 54, 50, ☐

(                    )

01  규칙에 따라 빈 곳에 알맞게 색칠해 보세요.

02  규칙에 따라 색칠하여 무늬를 만들었습니다. 일곱째에 놓일 무늬에서 빨간색 ▲ 모양은 몇 개인가요?

   ……

( )개

03  규칙에 따라 41번째까지 늘어놓았을 때, ♡ 는 모두 몇 개 놓여 있나요?

        ……

( )개

**04**

규칙에 따라 색칠한 모양입니다. 다섯째 모양에 알맞게 색칠해 보세요.

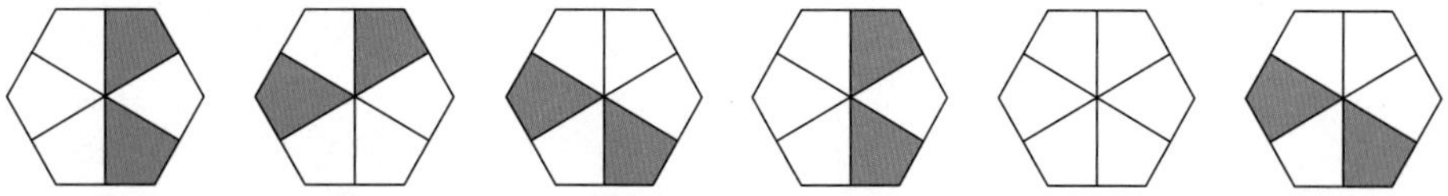

| 첫째 | 둘째 | 셋째 | 넷째 | 다섯째 | 여섯째 |

**05**

다음과 같이 ▢와 ▲를 규칙에 따라 늘어놓을 때, **20**번째까지 놓이는 ▲는 모두 몇 개인가요?

▢ ▲ ▲ ▢ ▲ ▲ ▢ ▲ …

(            )개

**06**

다음 그림과 같이 규칙에 따라 여러 가지 모양을 늘어놓았습니다. ▢ 안에 들어갈 알맞은 모양을 그려 넣으세요.

○ ● ■ △ ● ● □ ▲ ● ○ ▢ ▲ ○ ● ■

**07**

일정한 규칙으로 일곱째 줄까지 놓을 때, ◯는 △보다 몇 개 더 많나요?

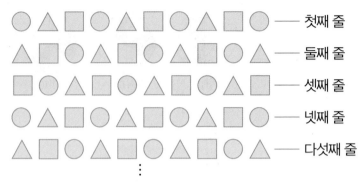

◯ △ △ □ ◯ △ □ ◯ △ □ ◯ —— 첫째 줄
△ □ ◯ △ □ ◯ △ □ ◯ △ —— 둘째 줄
□ ◯ △ □ ◯ △ □ ◯ △ □ —— 셋째 줄
◯ △ □ ◯ △ □ ◯ △ □ ◯ —— 넷째 줄
△ □ ◯ △ □ ◯ △ □ ◯ △ —— 다섯째 줄
⋮

(              )개

**08**

색칠한 곳에 들어갈 수들은 몇씩 커지는 규칙인지 알아봅니다.

수 배열표에서 색칠한 곳에 들어갈 수들의 규칙과 같은 규칙에 따라 빈 곳에 알맞은 수를 써넣으세요.

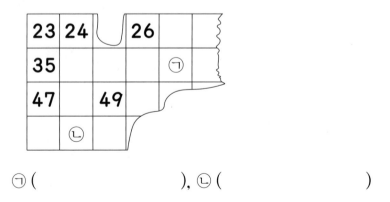

|    | 16 | ■ |    | 19 | 20 |
|----|----|---|----|----|----|
|    |    |   | ■ |    |    | 28 |
|    |    |   |    | ■ |    |    |

53 — 61 — ◯ — ◯ — ◯

**09**

오른쪽으로 갈수록 수가 몇씩 커지고, 아래로 갈수록 수가 몇씩 커지는지 알아봅니다.

수 배열표의 일부가 다음과 같이 찢어졌습니다. 규칙을 찾아 ㉠과 ㉡에 알맞은 수를 각각 구하세요.

| 23 | 24 |   | 26 |   |
|----|----|---|----|---|
| 35 |    |   |    | ㉠ |
| 47 |    | 49 |   |   |
|    | ㉡ |   |    |   |

㉠ (                    ), ㉡ (                    )

**10**

오른쪽은 어떤 규칙에 따라 수를 써 놓은 것입니다. ⓛ−㉠은 얼마인가요?

(          )

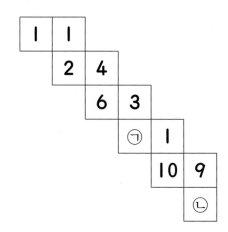

**11**

규칙에 따라 수들을 늘어놓았습니다. 색칠한 부분에 들어갈 수는 어떤 수인가요?

| | | | 77 | | 92 | 93 |
|---|---|---|---|---|---|---|
| | | | | 86 | | 94 |
| | | | 82 | | 90 | 95 |
| | | | | 88 | | 96 |

(          )

**12**

동물들이 어떤 규칙에 따라 놓여 있는지 알아봅니다.

보기의 규칙에 따라 빈칸을 채웠을 때 ㉠과 ⓛ에 알맞은 수의 합을 구하세요.

보기

➡ | 9 | ㉠ | | | 9 | 7 | ⓛ | | 4 |

(          )

**1** 규칙에 따라 모양을 늘어놓았습니다. 반복되는 부분을 ☐ 로 묶어 보세요.

**2** 규칙에 따라 ☐ 안에 들어갈 알맞은 모양을 그려 넣으세요.

**3** 규칙에 따라 ☐ 안에 들어갈 알맞은 모양을 그려 넣으세요.

**4** 규칙에 따라 알맞게 색칠해 보세요.

**5** 규칙에 따라 알맞게 색칠해 보세요.

**6** 규칙에 따라 ☐ 안에 들어갈 알맞은 모양은 어떤 색의 어떤 모양인가요?

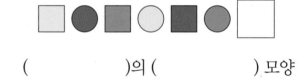

(        )의 (        ) 모양

**7** ⬛ 로 규칙을 만들어 무늬를 꾸며 보세요.

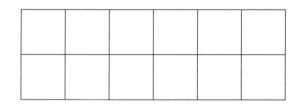

규칙에 따라 빈 곳에 알맞은 수를 써넣으세요. [8~9]

**8**

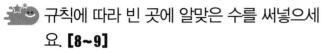

**9**

**10** 규칙에 따라 □ 안에 알맞은 수를 써넣으세요.

51, 60, □, 78, □

**11** 규칙을 찾아 ㉠에 알맞은 수를 구하세요.

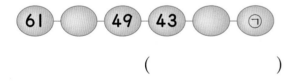

( )

**12** 다음과 같은 규칙으로 수를 늘어놓았습니다. 일곱째에 놓이는 수는 얼마인가요?

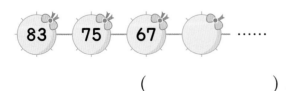

( )

---

수 배열표를 보고 물음에 답하세요. [13~14]

| 65 | 66 | 67 | 68 | 69 | 70 | 71 |
|----|----|----|----|----|----|----|
| 72 | 73 | 74 | 75 | 76 | 77 | 78 |
| 79 | 80 | 81 | 82 | 83 | 84 | 85 |
| 86 | 87 | 88 | 89 | 90 | 91 | 92 |
| 93 | 94 | 95 | 96 | 97 | 98 | 99 |

**13** ■으로 칠해진 칸에 있는 수들의 규칙을 찾아 써 보세요.

( )

**14** □으로 둘러싸인 수들과 같은 규칙이 되도록 빈 곳에 알맞은 수를 써넣으세요.

32　39

**15** 수 배열표에서 각 칸에 들어갈 수가 바르게 짝지어진 것은 어느 것인가요?

( )

| 66 | 67 | 68 | 69 | 70 | 71 |
|----|----|----|----|----|----|
| 72 | 73 |  | ㉠ |  | 77 |
|  | ㉡ |  |  | 82 | ㉢ |
| 84 | 85 | 86 |  | ㉣ |  |
| ㉤ |  | 92 | 93 | 94 |  |

① ㉠ : 76 　　② ㉡ : 80
③ ㉢ : 85 　　④ ㉣ : 89
⑤ ㉤ : 90

**5** 단원

**16** 수 배열표에서 수를 쓴 규칙을 찾아 빈칸에 알맞은 수를 써넣으세요.

| 47 | | | | 51 | | |
|---|---|---|---|---|---|---|
| | 55 | | | | 59 | |
| | | | | | | |
| | | | | | | |

**17** 지우개를 9, 연필을 1이라고 할 때, 보기와 같은 규칙으로 빈칸에 알맞은 수를 써넣으세요.

보기

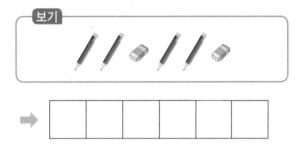

➡️ | | | | | | |

**18** 보기와 같은 규칙으로 빈 곳에 알맞은 수를 써넣을 때 ㉠과 ㉡에 알맞은 수의 차를 구하세요.

보기

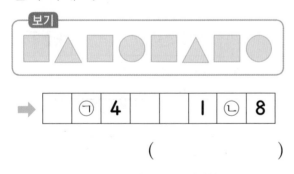

➡️ | | ㉠ | 4 | | | 1 | ㉡ | 8 |

( )

**19** 규칙에 따라 알맞게 색칠하고, 규칙을 설명해 보세요.

풀이 _____

_____

_____

_____

**20** 규칙에 따라 ㉠, ㉡, ㉢에 알맞은 말을 쓰려고 합니다. 풀이 과정을 쓰고, 답을 구하세요.

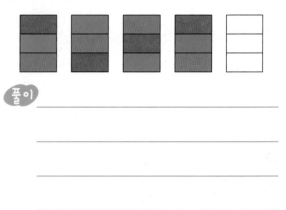

일흔셋  여든하나  ㉠  ㉢
일흔일곱  여든다섯  ㉡

풀이 _____

_____

_____

_____

답 ㉠: _____

㉡: _____

㉢: _____

# 단원 **6** 덧셈과 뺄셈(3)

## 이번에 배울 내용

**1** (몇십몇)＋(몇)의 여러 가지 계산 방법

**2** (몇십)＋(몇십)

**3** (몇십몇)＋(몇십몇)

**4** (몇십몇)－(몇)의 여러 가지 계산 방법

**5** (몇십)－(몇십)

**6** (몇십몇)－(몇십몇)

**7** 덧셈과 뺄셈의 활용

**1** (몇십몇)+(몇)

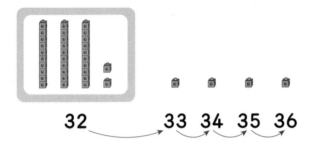

32+4의 계산

방법1 이어 세기를 이용하여 구하기

32    33  34  35  36

파란색 연결큐브 **32**개에서부터 빨간색 연결큐브의 수만큼 이어 세어 보면 모두 **36**개입니다.

⇨ 32+4=36

방법2 십 배열판에 직접 표시하여 계산하기

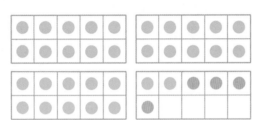

32+4=36

방법3 수 모형으로 구하기

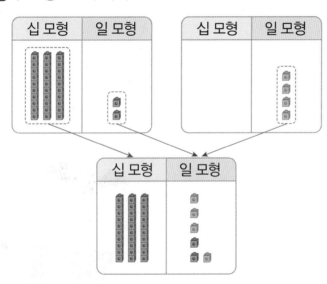

| 십 모형 | 일 모형 |
| --- | --- |

⇨ 32+4=36

---

**확인문제**

**1** 그림을 보고 □ 안에 알맞은 수를 써넣으세요.

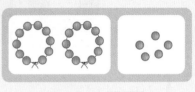

20+5=□

**2** 그림을 보고 □ 안에 알맞은 수를 써넣으세요.

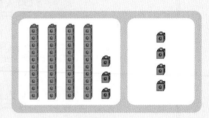

43+4=□

**3** 덧셈을 해 보세요.

(1)
```
   3 7
 +   2
────────
```

(2)
```
     4
 + 2 5
────────
```

**4** 덧셈을 해 보세요.

(1) 51+6=□

(2) 7+22=□

## 2 (몇십)＋(몇십)

$20＋30$의 계산

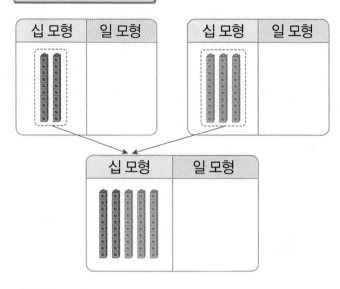

⇨ $20＋30＝50$

## 3 (몇십몇)＋(몇십몇)

$24＋12$의 계산

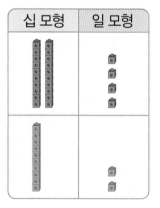

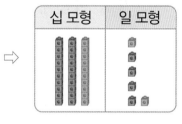

① 10개씩 묶음의 수와 낱개의 수를 자리에 맞춰 씁니다.

② 낱개의 수끼리 더하여 낱개의 자리에 씁니다.

③ 10개씩 묶음의 수끼리 더하여 10개씩 묶음의 자리에 씁니다.

### 확인문제

**5** 그림을 보고 ☐ 안에 알맞은 수를 써넣으세요.

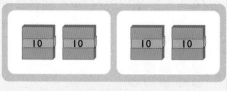

$20＋20＝$ ☐

**6** 그림을 보고 ☐ 안에 알맞은 수를 써넣으세요.

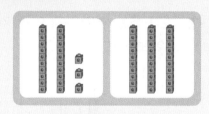

$23＋30＝$ ☐

**7** 덧셈을 해 보세요.

(1)
$$\begin{array}{r} 3\ 4 \\ +\ 2\ 5 \\ \hline \end{array}$$

(2) $41＋28＝$ ☐

**8** 그림을 보고 덧셈식을 세워 계산해 보세요.

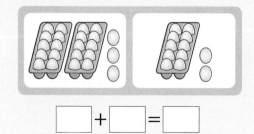

☐ ＋ ☐ ＝ ☐

유형 **1** | **(몇십몇)+(몇)**
의 여러 가지 계산 방법

24+4는 얼마인지 이어 세기로 구해 보세요.

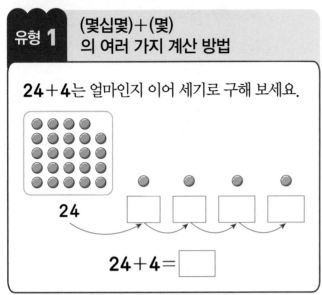

24

24+4=☐

**1-1** 12+5는 얼마인지 여러 가지 방법으로 알아보세요.

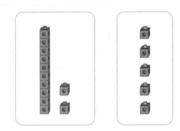

(1) 12에서 5를 이어 세어 보세요.

12

(2) 십 배열판에 더하는 수 **5**만큼 △를 그려 보세요.

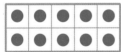 

(3) 12+5는 얼마인가요?

12+5=☐

**1-2** 그림을 보고 ☐ 안에 알맞은 수를 써넣으세요.

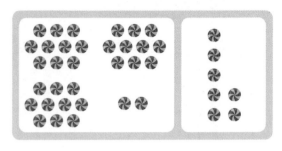

32+☐=☐

**1-3** 덧셈을 해 보세요.

(1)
```
    7 0
 +    6
 ┌─────┐
 └─────┘
```

(2) 65+2=☐

**1-4** 빈 곳에 두 수의 합을 써넣으세요.

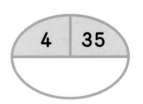

**1-5** 어제까지 화단에 꽃이 **32**송이 피어 있었습니다. 오늘 가 보니 꽃이 **6**송이 더 피었습니다. 화단에 피어 있는 꽃은 모두 몇 송이인가요?

식 _____

답 _____송이

**유형 2** (몇십)+(몇십), (몇십몇)+(몇십몇)

그림을 보고 ☐ 안에 알맞은 수를 써넣으세요.

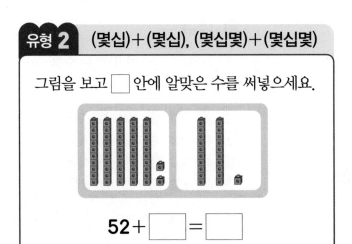

52+☐ = ☐

**2-1** 그림을 보고 ☐ 안에 알맞은 수를 써넣으세요.

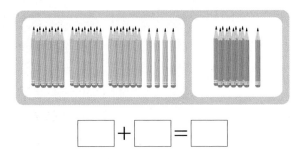

☐ + ☐ = ☐

**2-2** 덧셈을 해 보세요.

(1)
```
   6 4
 + 3 5
 ─────
 ☐
```

(2) 25+51 = ☐

**2-3** 빈 곳에 두 수의 합을 써넣으세요.

| 43 | 35 |
|----|----|
|    |    |

**2-4** 계산 결과가 같은 것끼리 선으로 이어 보세요.

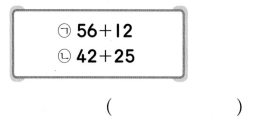

| 30+40 | 20+20 | 20+60 |

| 30+10 | 40+40 | 10+60 |

**2-5** 계산 결과가 더 큰 것을 찾아 기호를 쓰세요.

㉠ 56+12
㉡ 42+25

(        )

**2-6** 사탕이 40개씩 들어 있는 상자가 2상자 있습니다. 2상자에 들어 있는 사탕은 모두 몇 개인가요?

식 ＿＿＿＿＿＿＿＿＿＿＿＿＿

답 ＿＿＿＿＿＿＿＿＿＿＿＿개

**2-7** 빨간색 구슬 21개와 파란색 구슬 13개가 있습니다. 구슬은 모두 몇 개인가요?

식 ＿＿＿＿＿＿＿＿＿＿＿＿＿

답 ＿＿＿＿＿＿＿＿＿＿＿＿개

**6**
단원

**4** (몇십몇)−(몇)의 여러 가지 계산 방법

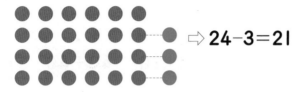

**방법1** 비교하여 구하기

⇨ 24−3=21

**방법2** 십 배열판에 빼는 수 **3**만큼 /을 그려 구하기

⇨ 24−3=21

**방법3** 수 모형으로 구하기

| 십 모형 | 일 모형 | | 십 모형 | 일 모형 |
|---|---|---|---|---|

⇨ 24−3=21
**24**에서 일모형 **3**개를 /으로 빼면 **21**입니다.

**5** (몇십)−(몇십)

| 십 모형 | 일 모형 | | 십 모형 | 일 모형 |
|---|---|---|---|---|

⇨ 50−30=20
**50**에서 십 모형 **3**개를 /으로 빼면 **20**입니다.

**확인문제**

**1** 그림을 보고 □ 안에 알맞은 수를 써넣으세요.

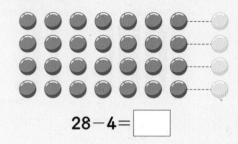

28−4=□

**2** 그림을 보고 □ 안에 알맞은 수를 써넣으세요.

35−5=□

**3** 관계있는 것끼리 선으로 이어 보세요.

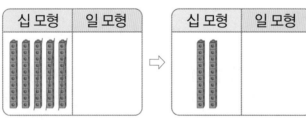

| 36−5 | • | • | 35 |
| 39−4 | • | • | 31 |

**4** 뺄셈을 해 보세요.

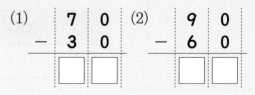

(1)
```
    7 0
 -  3 0
 ───────
 □ □
```

(2)
```
    9 0
 -  6 0
 ───────
 □ □
```

## 6 (몇십몇)−(몇십몇)

47−15의 계산

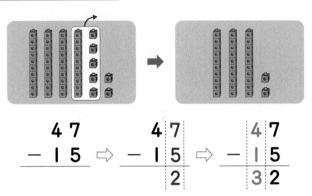

$$\begin{array}{r} 4\ 7 \\ -\ 1\ 5 \\ \hline \end{array} \Rightarrow \begin{array}{r} 4\ 7 \\ -\ 1\ 5 \\ \hline 2 \end{array} \Rightarrow \begin{array}{r} 4\ 7 \\ -\ 1\ 5 \\ \hline 3\ 2 \end{array}$$

① 십 모형의 수끼리, 일 모형의 수끼리 줄을 맞춰 씁니다.
② 일 모형의 수끼리 뺀 수, 십 모형의 수끼리 뺀 수를 내려씁니다.

## 7 덧셈과 뺄셈의 활용

상황에 맞게 덧셈식과 뺄셈식을 만들어 문제를 해결할 수 있습니다.

덧셈식을 만들어 문제 해결하기

농장에 젖소가 **23**마리, 양이 **12**마리 있습니다. 농장에 있는 동물은 모두 몇 마리인지 알아보세요.

농장에 있는 동물이 모두 몇 마리인지 덧셈식을 만들어 계산해 보면 **23+12=35**입니다. 따라서 모두 **35**마리입니다.

뺄셈식을 만들어 문제 해결하기

동민이는 스티커를 **45**장 가지고 있었습니다. 그중에서 **25**장을 동생에게 주었습니다. 남은 스티커는 몇 장인지 알아보세요.

남은 스티커는 몇 장인지 뺄셈식을 만들어 계산해 보면 **45−25=20**입니다. 따라서 남은 스티커는 **20**장입니다.

## 확인문제

**5** 그림을 보고 □ 안에 알맞은 수를 써넣으세요.

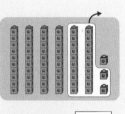

63−22=□

**6** 과일 가게에 사과가 **56**개, 배가 **23**개 있습니다. 물음에 답하세요.

(1) 과일 가게에 있는 사과와 배는 모두 몇 개인지 식을 세워 구해 보세요.

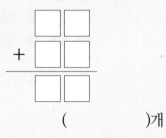

(       )개

(2) 사과는 배보다 몇 개 더 많은지 식을 세워 구해 보세요.

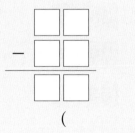

(       )개

**7** 35 와 20 을 사용하여 덧셈식과 뺄셈식을 만들어 보세요.

□ + □ = □

□ − □ = □

유형 3 (몇십몇)−(몇)의 여러 가지 계산 방법

그림을 보고 ☐ 안에 알맞은 수를 써넣으세요.

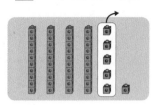

$46 - \boxed{\phantom{0}} = \boxed{\phantom{0}}$

유형 4 (몇십)−(몇십), (몇십몇)−(몇십몇)

그림을 보고 ☐ 안에 알맞은 수를 써넣으세요.

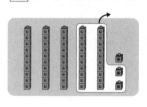

$53 - \boxed{\phantom{0}} = \boxed{\phantom{0}}$

3-1 그림을 보고 ☐ 안에 알맞은 수를 써넣으세요.

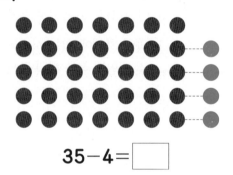

$35 - 4 = \boxed{\phantom{0}}$

4-1 뺄셈을 해 보세요.

(1)
$$\begin{array}{r} 7\ 8 \\ -\ 1\ 5 \\ \hline \boxed{\phantom{00}} \end{array}$$

(2) $67 - 54 = \boxed{\phantom{0}}$

3-2 차가 같은 것끼리 선으로 이어 보세요.

| 38 − 5 · | | · 76 − 4 |
| 79 − 7 · | | · 58 − 6 |
| 53 − 1 · | | · 35 − 2 |

4-2 차가 같은 것끼리 선으로 이어 보세요.

| 60 − 20 · | | · 59 − 14 |
| 53 − 10 · | | · 75 − 32 |
| 97 − 52 · | | · 80 − 40 |

3-3 지혜는 색종이를 27장 가지고 있었습니다. 종이학을 접는 데 5장을 사용하였다면 남은 색종이는 몇 장인가요?

식 _____

답 _____장

4-3 구슬을 영수는 37개, 석기는 15개 가지고 있습니다. 영수는 석기보다 구슬을 몇 개 더 많이 가지고 있나요?

식 _____

답 _____개

**4-4** 그림을 보고 뺄셈식을 세워 계산해 보세요.

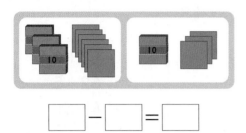

$\boxed{\phantom{00}} - \boxed{\phantom{00}} = \boxed{\phantom{00}}$

그림을 보고 물음에 답해 보세요. [4-5~4-7]

**4-5** 빨간색 구슬은 파란색 구슬보다 몇 개 더 많은지 뺄셈식을 세워 구해 보세요.

$\boxed{\phantom{00}} - \boxed{\phantom{00}} = \boxed{\phantom{00}}$

답 _____개

**4-6** 파란색 구슬은 노란색 구슬보다 몇 개 더 많은지 뺄셈식을 세워 구해 보세요.

$\boxed{\phantom{00}} - \boxed{\phantom{00}} = \boxed{\phantom{00}}$

답 _____개

**4-7** 빨간색 구슬은 노란색 구슬보다 몇 개 더 많은지 뺄셈식을 세워 구해 보세요.

$\boxed{\phantom{00}} - \boxed{\phantom{00}} = \boxed{\phantom{00}}$

답 _____개

---

**유형 5  덧셈과 뺄셈의 활용**

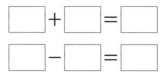 을 사용하여 덧셈식과 뺄셈식을 만들어 보세요.

$\boxed{\phantom{00}} + \boxed{\phantom{00}} = \boxed{\phantom{00}}$

$\boxed{\phantom{00}} - \boxed{\phantom{00}} = \boxed{\phantom{00}}$

**5-1** 우리 반 학생은 21명이었습니다. 오늘 학생 2명이 전학을 왔다면 우리 반 학생은 모두 몇 명이 되는지 식을 세워 구해 보세요.

식 _____

답 _____명

**5-2** 체육관에 야구공이 35개, 축구공이 12개 있습니다. 체육관에 공이 모두 몇 개 있는지 식을 세워 구해 보세요.

식 _____

답 _____개

**5-3** 주차장에 자동차가 57대 있었습니다. 15대가 빠져나갔다면 주차장에 남아 있는 자동차는 몇 대인지 식을 세워 구해 보세요.

식 _____

답 _____대

**1** 덧셈을 해 보세요.

$$32+1=\boxed{\phantom{00}}$$
$$32+2=\boxed{\phantom{00}}$$
$$32+3=\boxed{\phantom{00}}$$
$$32+4=\boxed{\phantom{00}}$$

**2** 빈 곳에 알맞은 수를 써넣으세요.

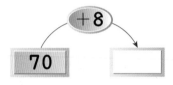

**3** 빈칸에 알맞은 수를 써넣으세요.

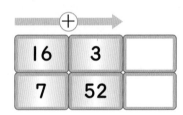

**4** 합이 같은 것끼리 선으로 이어 보세요.

| | |
|---|---|
| 50+7 · | · 3+44 |
| 42+5 · | · 5+60 |
| 63+2 · | · 4+53 |

**5** 계산 결과가 가장 큰 것을 찾아 기호를 쓰세요.

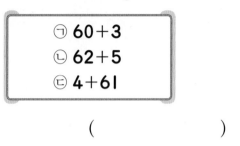

㉠ 60+3
㉡ 62+5
㉢ 4+61

(           )

**6** 계산 결과가 홀수인 것을 찾아 기호를 쓰세요.

㉠ 16+2    ㉡ 23+1
㉢ 35+4    ㉣ 40+6

(           )

**7** 가영이는 공책을 12권 가지고 있었는데 생일 선물로 5권을 더 받았습니다. 가영이가 가지고 있는 공책은 모두 몇 권인가요?

식 _____

답 _____ 권

**8** ☐ 안에 알맞은 수를 써넣으세요.

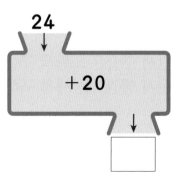

**9** 빈 곳에 알맞은 수를 써넣으세요.

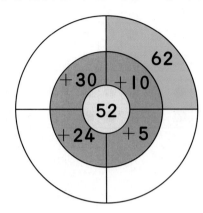

**10** 같은 모양에 있는 수끼리 더하여 그 합을 아래의 같은 모양에 써넣으세요.

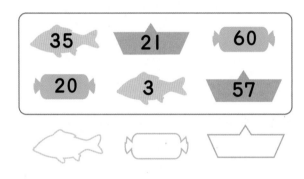

**11** ○ 안에 >, =, <를 알맞게 써넣으세요.

25+23 ○ 37+12

**12** 합이 가장 큰 것에 ○표, 가장 작은 것에 △표 하세요.

15+43    35+21    14+45

( )      ( )      ( )

**13** 주머니에서 수를 골라 덧셈식을 만들어 보세요.

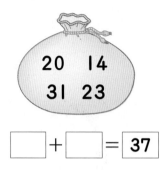

□ + □ = 37

**14** 달걀 한 판에는 달걀이 **30**개 들어 있습니다. 달걀 **2**판에 들어 있는 달걀은 모두 몇 개인가요?

식 _____

답 _____ 개

**15** 그림을 보고 덧셈식을 세워 보세요.

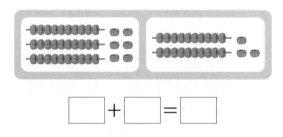

□ + □ = □

**16** 어느 음식점에 있는 손님 중 남자는 **23**명이고 여자는 **25**명입니다. 이 음식점에 있는 손님은 모두 몇 명인가요?

식 _____

답 _____ 명

**17** 냉장고에 귤이 **32**개, 사과가 **17**개 있습니다. 냉장고에 있는 과일은 모두 몇 개인지 계산식을 쓰고 여러 가지 방법으로 구해 보세요.

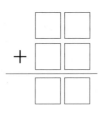

가영 : 나는 **30**과 ☐ 을 더하고 **2** 를 더했어.

지혜 : 나는 **2**와 **7**을 더하고 ☐ 과 **10**을 더했어.

예슬 : 나는 **32**와 **10**을 더하고 ☐ 을 더했어.

**18** 그림을 보고 수수깡의 수를 세어 여러 가지 덧셈식을 만들어 보세요.

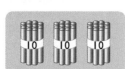

☐ + ☐ = ☐

☐ + ☐ = ☐

☐ + ☐ = ☐

**19** 그림을 보고 ☐ 안에 알맞은 수를 써넣으세요.

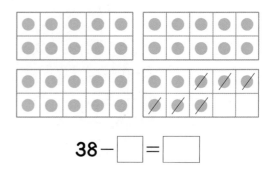

$38 - \boxed{\phantom{0}} = \boxed{\phantom{0}}$

**20** 두 수의 차를 빈 곳에 알맞게 써넣으세요.

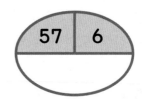

**21** 계산을 잘못한 사람의 이름을 쓰세요.

$$\begin{array}{r} 7\,8 \\ -\ \ 6 \\ \hline 1\,8 \end{array}$$
(동민)

$$\begin{array}{r} 7\,8 \\ -\ \ 6 \\ \hline 7\,2 \end{array}$$
(효근)

(                    )

**22** ㉠와 ㉡의 차를 구하세요.

㉠ 여든일곱
㉡ **5**보다 **1** 큰 수

(                    )

**23** 두 수의 차가 같은 것을 찾아 색칠하세요.

| 74 − 1 | 76 − 5 | 78 − 5 |
| 75 − 2 | 73 − 3 |

**24** 우리 반 학생들은 모두 **25**명입니다. 아침 활동 시간에 교실에서 책을 읽고 있는 학생은 몇 명인가요?

〈아침 활동〉

달리기 선수 **4**명 : 운동장에 모이기

나머지 학생 : 교실에서 책 읽기

(                    )명

**25** 버스에 **38**명이 타고 있었습니다. 이번 정거장에서 **7**명이 내렸습니다. 지금 버스에 타고 있는 사람은 몇 명인가요?

식 _____

답 _____ 명

**26** 냉장고에 달걀이 **19**개 있었습니다. 어머니께서 음식을 만드는 데 달걀 **6**개를 사용하셨습니다. 냉장고에 남아 있는 달걀은 몇 개인지 구하세요.

식 _____

답 _____ 개

**27** 뺄셈을 해 보세요.

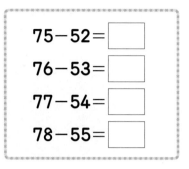

75 − 52 = ☐

76 − 53 = ☐

77 − 54 = ☐

78 − 55 = ☐

**28** 빈 곳에 알맞은 수를 써넣으세요.

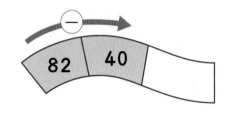

**29** 계산을 <u>잘못한</u> 것을 찾아 기호를 쓰세요.

㉠ 34 − 3 = 4

㉡ 29 − 15 = 14

㉢ 70 − 40 = 30

(                    )

**30** 같은 모양에 있는 수끼리 **뺀** 다음, 그 결과를 아래의 같은 모양에 써넣으세요.

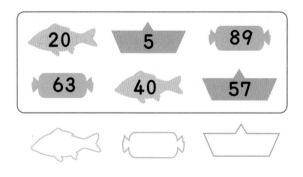

**31** 빈 곳에 알맞은 수를 써넣으세요.

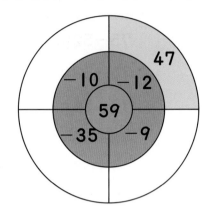

**32** 짝지은 두 수의 차를 구하여 □ 안에 알맞게 써넣으세요.

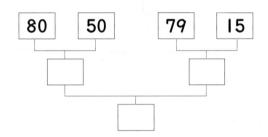

**33** 전깃줄에 참새가 18마리 앉아 있었습니다. 그중에서 12마리가 날아갔습니다. 전깃줄에 남아 있는 참새는 몇 마리인가요?

식 _____

답 _____ 마리

**34** 영수네 반에서 우유를 마시는 학생은 24명입니다. 우유 통을 보니 우유가 13개 남아 있습니다. 우유를 가져간 학생은 몇 명인가요?

식 _____

답 _____ 명

**35** 가영이네 반 학생은 25명이고, 지혜네 반 학생은 22명입니다. 누구네 반 학생이 몇 명 더 많은지 구하세요.

(          )(이)네 반, (          )명

**36** 검은 바둑돌이 48개, 흰 바둑돌이 23개 있습니다. 검은 바둑돌은 흰 바둑돌보다 몇 개 더 많은지 계산식을 쓰고 여러 가지 방법으로 구하세요.

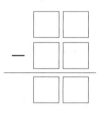

한별 : 나는 8에서 □을 빼서 5를 구하고 40에서 20을 빼서 구했어.

동민 : 나는 48에서 3을 빼서 □를 구하고 다시 20을 뺐어.

**37** 그림을 보고 구슬의 수를 세어 여러 가지 뺄셈식을 만들어 보세요.

□ － □ ＝ □

□ － □ ＝ □

□ － □ ＝ □

**38** 빈 곳에 알맞은 수를 써넣으세요.

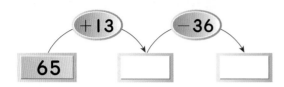

**39** 합과 차가 같은 것끼리 선으로 이어 보세요.

36+12 ·          · 65−30

40+10 ·          · 58−8

4+31 ·           · 69−21

**40** ○ 안에 >, =, <를 알맞게 써넣으세요.

| 27+32 | ○ | 99−43 |

**41** 빈칸에 알맞은 수를 써넣으세요.

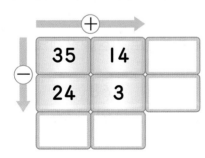

**42** 다음 중 계산 결과가 가장 큰 것은 어느 것인가요? (     )

① 8+40          ② 31+17

③ 49−3          ④ 78−40

⑤ 87−36

**43** 계산 결과가 같은 것은 같은 색으로 칠해 보세요.

|       |       | 14+1  | 47−32 |       |
|-------|-------|-------|-------|-------|
| 13+2  | 15+1  | 48−32 | 48−33 |
| 14+2  | 16+1  | 49−32 | 49−33 |

**44** ■와 ▲가 나타내는 수를 각각 구하세요.

14+21=■

■−22=▲

■ (                    )

▲ (                    )

**45** 사탕을 솔별이는 21개, 웅이는 68개 가지고 있습니다. 웅이가 솔별이에게 사탕을 17개 주면, 솔별이와 웅이가 가지고 있는 사탕은 각각 몇 개인가요?

솔별 (                    )개

웅이 (                    )개

**1** 주어진 식을 보고 □-▲의 값을 구하세요.

$$34+53=\blacksquare \qquad 87-26=\blacktriangle$$

( )

**2** 계산에서 잘못된 곳을 찾아 바르게 고치고 그 이유를 쓰세요.

$$\begin{array}{r} 7\,6 \\ -\ \ 4 \\ \hline 3\,6 \end{array}$$

이유 _____

_____

짝수는 낱개의 수가 0, 2, 4, 6, 8이고 홀수는 낱개의 수가 1, 3, 5, 7, 9입니다.

**3** 계산 결과가 짝수인 것을 모두 찾아 기호를 쓰세요.

| ㉠ 38+1 | ㉡ 40+16 | ㉢ 37+22 |
| ㉣ 90-40 | ㉤ 68-30 | ㉥ 96-41 |

( )

각각을 계산한 후에 계산 결과를 비교합니다.

**4** 계산 결과가 가장 작은 것부터 차례대로 기호를 쓰세요.

| ㉠ 27+31 | ㉡ 68-25 |
| ㉢ 14+42 | ㉣ 97-46 |

( )

**5** 두 식의 계산 결과가 같을 때 ☐ 안에 알맞은 수를 써넣으세요.

(1)

| 52+6 | | 3+ ☐ |

(2)

| 69-44 | | 65- ☐ |

먼저 **9**월에 모은 색종이의 수를 구합니다.

**6** 석기는 색종이를 **8**월에는 **42**장 모았고 **9**월에는 **8**월보다 **13**장 더 많이 모았습니다. 석기가 **8**월과 **9**월에 모은 색종이는 모두 몇 장인가요?

( )장

아버지의 나이를 구한 다음 삼촌의 나이를 구합니다.

**7** 아버지는 규형이보다 **35**살 많고 삼촌은 아버지보다 **5**살 적습니다. 규형이의 나이가 **12**살일 때 삼촌의 나이는 몇 살인가요?

( )살

**8** **3**장의 수 카드 중에서 **2**장을 뽑아 만들 수 있는 몇십몇 중에서 가장 큰 수와 가장 작은 수를 구한 다음, 합과 차를 각각 구하세요.

합 : ( ), 차 : ( )

**9** 4장의 숫자 카드가 있습니다. 동민이는 그중 2장을 뽑아 몇십몇을 만들고 영수는 남은 2장으로 몇십몇을 만들었습니다. 두 사람이 만든 두 수의 차 중 가장 큰 수를 구하세요.

$$\boxed{5} \quad \boxed{2} \quad \boxed{6} \quad \boxed{3}$$

( )

**10** 한별이와 웅이가 방학 동안 읽은 책의 수입니다. 책을 누가 몇 권 더 많이 읽었는지 구하세요.

| | 동화책 | 위인전 |
|---|---|---|
| 한별 | 14권 | 21권 |
| 웅이 | 23권 | 16권 |

( ), ( )권

65와 75 사이에 있는 수 중 65와 75는 포함되지 않습니다.

**11** 계산한 값이 65와 75 사이에 있는 것을 모두 찾아 기호를 쓰세요.

㉠ 46+20     ㉡ 32+43
㉢ 87-22     ㉣ 96-24

( )

10개씩 묶음의 수는 10개씩 묶음의 수끼리, 낱개의 수는 낱개의 수끼리 계산합니다.

**12** ☐ 안에 알맞은 숫자를 써넣으세요.

(1)
```
   5 ☐
+  ☐ 3
-----
   7 9
```

(2)
```
   ☐ 5
-  4 ☐
-----
   5 4
```

**13** □ 안에 들어갈 수 있는 수 중에서 가장 큰 수를 구하세요.

$$\square + 52 < 67$$

(                    )

상자 4개에 담을 수 있는 책의 수를 먼저 알아봅니다.

**14** 책을 10권까지 담을 수 있는 상자가 4개 있습니다. 같은 크기의 상자에 책 73권을 모두 담으려면 적어도 몇 개의 상자가 더 필요하나요?

(                    )개

낱개 17장은 10장씩 묶음 1개와 낱개 7장입니다.

**15** 석기는 1묶음에 10장씩 들어 있는 색종이 6묶음과 낱개 17장을 가지고 있습니다. 이 중에서 23장을 사용했다면 남은 색종이는 몇 장인가요?

(                    )장

**16** 공원에서 자전거를 타는 학생 중 남학생은 11명, 여학생은 13명이고 퀵보드를 타는 학생 중 남학생은 15명, 여학생은 14명입니다. 자전거와 퀵보드 중 어떤 기구를 타는 학생이 몇 명 더 많은지 구하세요.

(                    ), (                    )명

6
단원

**01**

수직선에서 작은 눈금 한 칸의
크기는 **2**입니다.

수직선에서 ㉠이 나타내는 수와 ㉡이 나타내는 수의 합을 구하세요.

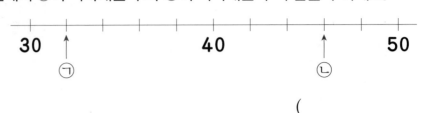

(                    )

**02**

**35**보다 크고 **90**보다 작은 수 중에서 가장 큰 짝수와 가장 작은 홀수의 차는
얼마인지 구하세요.

(                    )

**03**

㉠의 계산 결과는 ㉡의 계산 결과보다 큽니다. ☐ 안에 들어갈 수 있는 수 중
에서 가장 작은 수를 구하세요.

㉠ ☐ +**22**          ㉡ **97**−**52**

(                    )

**04**

수학 시험을 본 후 동민, 영수, 효근이가 대화를 나누고 있습니다. 세 사람의 대화를 읽고 효근이의 점수는 영수의 점수보다 몇 점 더 높은지 구하세요.

> 동민 : 내 점수는 **95**점이야.
> 영수 : 나는 동민이보다 **12**점 낮아.
> 효근 : 내 점수는 팔십구 점이야.

(                     )점

**6**
단원

**05**

어떤 수에 □를 더해서 △가 되었다면 어떤 수는 △보다 □만큼 작은 수입니다.

어떤 수에서 **23**을 빼야 할 것을 잘못하여 더했더니 **68**이 되었습니다. 바르게 계산하면 얼마인가요?

(                      )

**06**

과일 가게에 있는 사과와 키위가 모두 몇 개인지 먼저 알아봅니다.

과일 가게에 사과는 **47**개 있고, 키위는 사과보다 **6**개 적게 있습니다. 이 중에서 사과와 키위를 합쳐 **43**개를 팔았다면 남은 사과와 키위는 모두 몇 개인가요?

(                      )개

**07**

1부터 7까지의 숫자 카드가 한 장씩 있습니다. 이 숫자 카드 중 2장을 뽑아 만들 수 있는 몇십몇 중 가장 큰 수와 가장 작은 수를 구한 다음, 합과 차를 각각 구하세요.

합 : (                    ), 차 : (                    )

**08**

□ 안의 수는 ○ 안에 있는 두 수의 합입니다. 빈 곳에 들어갈 알맞은 수를 써넣으세요.

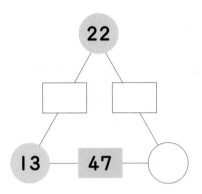

**09**

영수와 웅이는 같은 수만큼 사탕을 가지고 있었습니다. 영수는 가지고 있던 사탕 중 15개를 먹었더니 30개가 남았습니다. 웅이가 가지고 있던 사탕 중 12개를 동생에게 주었다면 웅이에게 남은 사탕은 몇 개인가요?

(                    )개

**10** 주어진 **4**장의 숫자 카드 중 **2**장을 뽑아 몇십몇인 수를 만들려고 합니다. 만들 수 있는 중에서 넷째로 큰 수와 넷째로 작은 수의 차를 구하세요.

$$\boxed{3} \quad \boxed{7} \quad \boxed{0} \quad \boxed{4}$$

(                    )

**11** **I**부터 **9**까지의 숫자 중에서 □ 안에 들어갈 수 있는 숫자들의 합을 구하세요.

$$34+23<\square2+16$$

(                    )

**6**
단원

**12** 같은 모양은 같은 수를 나타냅니다. ●에 알맞은 수를 구하세요.

- $32+24=\blacksquare$
- $\blacksquare-14=\blacktriangle$
- $\blacktriangle+\bullet=69$

(                    )

**1** 그림을 보고 □ 안에 알맞은 수를 써넣으세요.

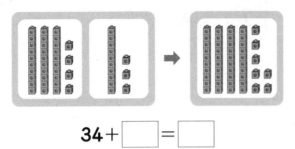

$34+$ □ $=$ □

**2** 그림을 보고 □ 안에 알맞은 수를 써넣으세요.

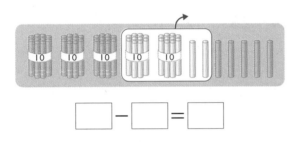

□ $-$ □ $=$ □

**3** 계산을 해 보세요.

(1)
$$\begin{array}{r} 9\,2 \\ +\phantom{0}7 \\ \hline \end{array}$$

(2)
$$\begin{array}{r} 6\,5 \\ -\phantom{0}2 \\ \hline \end{array}$$

**4** 계산을 해 보세요.

(1) $63+24=$ □

(2) $80-40=$ □

**5** 두 수의 합과 차를 각각 구하세요.

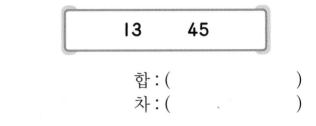

합 : (                    )
차 : (                    )

**6** ○ 안에 >, =, <를 알맞게 써넣으세요.

**7** 빈 곳에 알맞은 수를 써넣으세요.

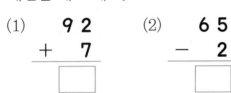

**8** 관계있는 것끼리 선으로 이어 보세요.

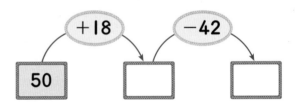

**9** 35 와 14 를 사용하여 덧셈식과 뺄셈식을 각각 만들어 보세요.

☐ + ☐ = ☐

☐ - ☐ = ☐

**10** 빈칸에 알맞은 수를 써넣으세요.

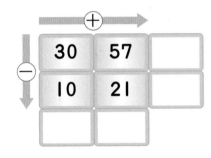

**11** 계산 결과가 가장 작은 것을 찾아 기호를 쓰세요.

㉠ 58-15  ㉡ 30+28
㉢ 42+3  ㉣ 90-50

( )

🐛 파란색 분필 25개와 노란색 분필 12개가 있습니다. 물음에 답하세요. [12~13]

**12** 파란색 분필과 노란색 분필은 모두 몇 개인지 식을 세워 구하세요.

☐ + ☐ = ☐

답 ＿＿＿＿＿＿＿＿＿＿ 개

**13** 파란색 분필은 노란색 분필보다 몇 개 더 많은지 식을 세워 구하세요.

☐ - ☐ = ☐

답 ＿＿＿＿＿＿＿＿＿＿ 개

**14** 가장 큰 수와 가장 작은 수를 찾아 두 수의 합과 차를 각각 구하세요.

42  85  31  25  13

합 : ( )
차 : ( )

**15** ☐ 안에 알맞은 숫자를 써넣으세요.

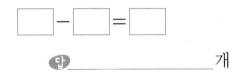

6 단원

6. 덧셈과 뺄셈(3) • 153

**16** 놀이터에 **32**명의 어린이가 있었습니다. 잠시 후 어린이 **7**명이 더 왔습니다. 지금 놀이터에 있는 어린이는 모두 몇 명인가요?

(            )명

**17** 바구니 안에 호두 **25**개와 땅콩 **39**개가 있습니다. 땅콩은 호두보다 몇 개 더 많나요?

(            )개

**18** 석기는 사탕 **28**개를 샀습니다. 그중에서 **12**개는 친구에게 주고, **11**개를 먹었습니다. 남은 사탕은 모두 몇 개인가요?

(            )개

**19** 신영이가 **7**일 동안 만든 종이꽃의 개수입니다. 토요일에는 수요일과 목요일에 만든 종이꽃보다 몇 개 더 많이 만들었는지 풀이 과정을 쓰고 답을 구하세요.

| 월 | 화 | 수 | 목 | 금 | 토 | 일 |
|----|----|----|----|----|----|----|
| 12 | 7 | 15 | 10 | 5 | 27 | 23 |

풀이 _____

_____

_____

_____

_____

답 _____ 개

**20** 노란색 색종이는 **10**장씩 묶음 **2**개와 낱개로 **9**장, 파란색 색종이는 **10**장씩 묶음 **4**개와 낱개로 **5**장이 있습니다. 오늘 노란색 색종이 **13**장과 파란색 색종이 **32**장을 사용했다면 어떤 색종이가 몇 장 더 많이 남았는지 풀이 과정을 쓰고 답을 구하세요.

풀이 _____

_____

_____

_____

_____

답 _____ 색종이, _____ 장

Memo

Memo

상위권 도약을 위한
길라잡이

# 왕수학

## 실력편

# 정답과 풀이

# 1-2

(주)에듀왕

# 정답과 풀이

1-2

# 1. 100까지의 수

## step 1 개념 확인하기 [6~7쪽]

**1** 60 ; 육십, 예순
**2** 80
**3** 64
**4** (선 연결)
**5** 66, 68
**6** 100, 백
**7** >, 큽니다에 ○ ; 작습니다에 ○
**8** 21, 홀수에 ○

**1** 10개씩 묶음이 6개이므로 60입니다.
⇨ 60(육십, 예순)

**6** 99보다 1만큼 더 큰 수를 100이라 하고 백이라고 읽습니다.

**7** 62는 10개씩 묶음이 6개이고, 57은 10개씩 묶음이 5개이므로 62>57입니다.

## step 2 기본 유형 익히기 [8~11쪽]

**유형1** 8, 80
**1-1** (1) 6 (2) 9
**1-2** (선 연결)
**1-3** 6
**유형2** 7, 3 ; 73
**2-1** 8, 6, 86
**2-2** (1) 67 (2) 9, 4
**2-3** 칠십육, 일흔여섯
**2-4** (1) 68 (2) 94
**유형3** 팔십이, 스물다섯
**3-1** (1) 일흔 (2) 쉰아홉
**3-2** (1) 쉰다섯에 ○ (2) 오십육에 ○

**유형4** 52, 53, 54 ; 52, 54
**4-1** (1) 64, 66 (2) 78, 80
**4-2** 87
**4-3** 93
**4-4** 5
**4-5** (1) 60, 61, 62 (2) 73, 75, 76
**4-6** 100, 백
**4-7**

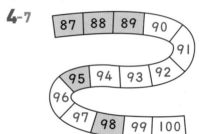

**유형5** 작습니다에 ○ ; 큽니다에 ○
**5-1** (1) > (2) <
**5-2** (1) 78은 57보다 큽니다.
　　　(2) 68은 97보다 작습니다.
**5-3** (1) 91>88 (2) 71<76
**5-4** ㉡
**5-5** ③, ⑤
**5-6** 91에 ○
**5-7** 63에 △
**5-8** 영수
**유형6** 홀
**6-1** 36, 28, 50, 14에 ○
**6-2** 19, 41, 37, 15에 ○
**6-3** ○ : 8, 2, 12, 24, 16, 30, 28
　　　△ : 19, 27, 7, 33, 11, 13, 21, 15, 37

**1-1** (1) 60 ⇨ 10개씩 묶음이 6개
　　　(2) 90 ⇨ 10개씩 묶음이 9개

**1-2** ·10개씩 묶음 7개 ⇨ 70(칠십, 일흔)
　　　·10개씩 묶음 8개 ⇨ 80(팔십, 여든)

**1-3** 60장은 10장씩 묶음이 6개입니다.

**유형2** 10개씩 묶음이 7개, 낱개가 3개이므로 73입니다.

**2-2** 10개씩 묶음 ▧개와 낱개 △개이면 ▧△입니다.

**4-1** (1) 64 — 65 — 66　　(2) 78 — 79 — 80
　　　　 1만큼　 1만큼　　　　 1만큼　 1만큼
　　　 더 작은 수　더 큰 수　　더 작은 수　더 큰 수

**4-2** 86 ─ 87 ─ 88
　　　└─ 86과 88 사이의 수

**4-3** ▨보다 1 작은 수가 92이므로 ▨는 92보다 1만큼
큰 수입니다.
따라서 ▨는 93입니다.

**4-4** 79-80-81-82-83-84-85이므로 79와
85 사이에 있는 수는 모두 5개입니다.

**4-6** 93부터 수를 순서대로 쓰면 ㉠에 알맞은 수는 100
입니다. 100은 백이라고 읽습니다.

**5-1** (1) 87 > 76　　　(2) 64 < 68
　　　└──┘　　　　　└──┘
　　　8>7　　　　　　4<8

**5-2** · ▨>▲ ⇨ ▨는 ▲보다 큽니다.
　　· ▨<▲ ⇨ ▨는 ▲보다 작습니다.

**5-3** · ▨는 ▲보다 큽니다. ⇨ ▨>▲
　　· ▨는 ▲보다 작습니다. ⇨ ▨<▲

**5-4** ㉠ 69, ㉡ 72 ⇨ ㉠<㉡

**5-5** ① 71<76　② 69<77　④ 90>64

**5-6** 10개씩 묶음의 수를 비교해 보면 9>8>7이므로
가장 큰 수는 91입니다.

　　　　　　6<7
　　　　　┌──┐
**5-7** 63 < 69 < 72
　　　└──┘
　　　3<9

**5-8** 78>75이므로 색종이를 더 많이 모은 사람은 영
수입니다.

**유형6** ♡이 25개이므로 ♡의 수는 홀수입니다.

**6-1** 짝수는 낱개의 수가 0, 2, 4, 6, 8인 수입니다.

**6-2** 홀수는 낱개의 수가 1, 3, 5, 7, 9인 수입니다.

**6-3** 짝수는 낱개의 수가 0, 2, 4, 6, 8인 수이고, 홀수
는 낱개의 수가 1, 3, 5, 7, 9인 수입니다.

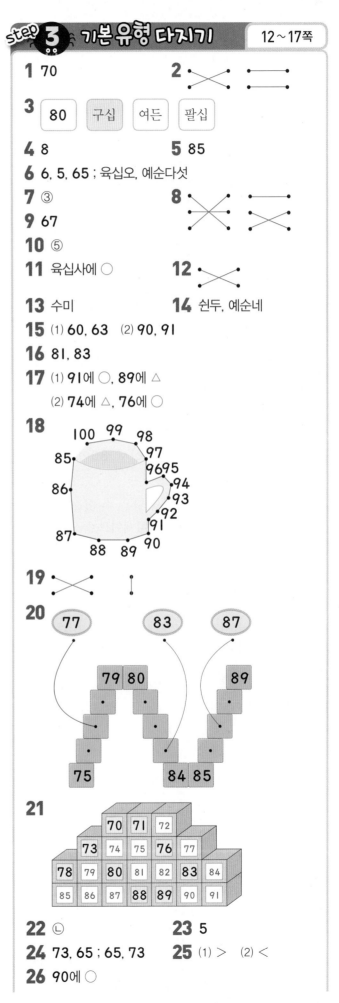

**step 3 기본유형 다지기**　　12~17쪽

**1** 70

**3** | 80 | 구십 | 여든 | 팔십 |

**4** 8　　　**5** 85

**6** 6, 5, 65 ; 육십오, 예순다섯

**7** ③

**9** 67

**10** ⑤

**11** 육십사에 ○　　**12**

**13** 수미　　**14** 쉰두, 예순네

**15** (1) 60, 63　(2) 90, 91

**16** 81, 83

**17** (1) 91에 ○, 89에 △
　　(2) 74에 △, 76에 ○

**22** ㉡　　**23** 5

**24** 73, 65 ; 65, 73　**25** (1) >　(2) <

**26** 90에 ○

정답과 풀이 • **3**

**27** (1) 85에 ○, 61에 △

(2) 97에 ○, 92에 △

**28** 86, 97    **29** ㉡

**30** ㉢, ㉡, ㉠, ㉣    **31** 웅이, 영수, 동민

**32**

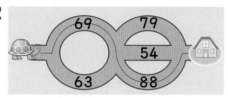

**33** 홀수 : 23, 47

짝수 : 16, 32

**34**

△15 ○40 ○28 △19 △31 ○26

**35** ②, ⑤    **36** 사과, 귤

**37** 짝수    **38** ㉡

**2** • 10개씩 묶음 6개 ⇨ 60(육십, 예순)

• 10개씩 묶음 7개 ⇨ 70(칠십, 일흔)

**3** 구십 ⇨ 90, 여든 ⇨ 80, 팔십 ⇨ 80이므로 나머지 셋과 다른 하나는 구십입니다.

**4** 상자 1개에 구슬을 10개씩 담을 수 있습니다. 구슬은 10개씩 묶음이 8개인 80개이므로 모두 담으려면 상자 8개가 필요합니다.

**5** 10개씩 묶음이 8개이고, 낱개가 5개인 수는 85입니다.

**6** 10개씩 묶음이 6개, 낱개가 5개이므로 65입니다.

⇨ 65(육십오, 예순다섯)

**7** ③ 88—팔십팔—여든여덟

**8** • 82(팔십이, 여든둘)

• 78(칠십팔, 일흔여덟)

• 69(육십구, 예순아홉)

**9** 10권씩 6상자와 낱개 7권은 67권입니다.

**10** ⑤ 여든일 번 ⇨ 팔십일 번

**12** 영화 관람 인원 53명 ⇨ 쉰셋,

자리 번호 53번 ⇨ 오십삼

**13** 동화책 일흔여덟 권, 어린이 예순한 명, 빈 병 예순세 개

**15** (1) 61보다 1만큼 더 작은 수는 60이고 62보다 1만큼 더 큰 수는 63입니다.

(2) 89보다 1만큼 더 큰 수는 90이고 92보다 1만큼 더 작은 수는 91입니다.

**16** 82보다 1만큼 더 작은 수는 바로 앞의 수이므로 81이고, 82보다 1만큼 더 큰 수는 바로 뒤의 수이므로 83입니다.

**17** (1) 90보다 1만큼 더 큰 수는 90 바로 뒤의 수인 91이고, 1만큼 더 작은 수는 90 바로 앞의 수인 89입니다.

(2) 75보다 1만큼 더 큰 수는 75 바로 뒤의 수인 76이고, 1만큼 더 작은 수는 75 바로 앞의 수인 74입니다.

**18** 85부터 100까지의 수를 순서대로 선으로 이으면 컵 모양이 완성됩니다.

**22** ㉠ 100  ㉡ 80  ㉢ 100

**23** 87과 93 사이에 있는 수는 88, 89, 90, 91, 92로 모두 5개입니다.

따라서 두 번호표 사이에 있는 번호표는 모두 5장입니다.

**24** 10개씩 묶음의 수가 73이 더 크므로 73은 65보다 큽니다.

**25** (1) 84 > 77    (2) 62 < 69

　　 8>7　　　　　　2<9

**26** 10개씩 묶음의 수가 84는 8, 79는 7, 90은 9입니다.

따라서 10개씩 묶음의 수가 8보다 큰 90이 84보다 큰 수입니다.

**27** (1) 85 > 77 > 61    (2) 97 > 94 > 92

(1) 7>6, 8>7    (2) 4>2, 7>4

**28** 10개씩 묶음의 수가 8보다 큰 수를 먼저 찾고, 10개씩 묶음의 수가 같으면 낱개의 수가 4보다 큰 수를 찾습니다.

**29** ㉡ 92    ㉣ 65

10개씩 묶음의 수를 비교하면 가장 큰 수는 ㉡입니다.

**30** 91 > 89 > 84 > 73 ⇨ ㉢, ㉡, ㉠, ㉣

9>4, 9>8, 8>7

**31** 영수가 딴 사과는 76개입니다.

82>76>75이므로 사과를 가장 많이 딴 순서대로 이름을 써 보면 웅이, 영수, 동민입니다.

**32** 69와 63은 10개씩 묶음의 수가 6으로 같으므로 낱개의 수가 큰 69가 더 큰 수입니다.

79, 54, 88의 10개씩 묶음의 수를 비교해 보면 79는 7, 54는 5, 88은 8이므로 88이 가장 큰 수입니다.
따라서 거북이는 69와 88이 적힌 길로 가야 합니다.

**34** ·40, 28, 26 ⇨ 짝수
·15, 19, 31 ⇨ 홀수

**35** ① 짝수   ② 홀수   ③ 짝수   ④ 짝수   ⑤ 홀수

**36** 30, 28 ⇨ 짝수, 41, 57 ⇨ 홀수

**37** ㉠에 알맞은 수는 40이므로 짝수입니다.

**38** ㉠ 47(홀수)   ㉡ 54(짝수)   ㉢ 33(홀수)

---

## step 4 응용실력기르기   18~21쪽

| | |
|---|---|
| **1** 74 | **2** 13, 8 |
| **3** 85 | **4** 65 |
| **5** 시우 | **6** ㉢ |
| **7** 2 | **8** 30, 46, 53, 27 |
| **9** (1) 6  (2) 4  (3) 2 | **10** 3 |
| **11** 88, 90 | **12** ( ○ )( ) |
| **13** ( )( )( × ) | |
| **14** (1) 4, 5, 6에 ○  (2) 6, 7, 8에 ○ | |
| **15** 64 | **16** (1) 상연  (2) 59 |

**1** 작은 눈금 한 칸의 크기는 2이므로 ㉠이 나타내는 수는 70에서 2씩 2번 뛰어 센 74입니다.

**2** 83은 10개씩 묶음 8개와 낱개 3개인 수이고, 10개씩 묶음 7개와 낱개 13개인 수와 같습니다.
97은 10개씩 묶음 9개와 낱개 7개인 수이고, 10개씩 묶음 8개와 낱개 17개인 수와 같습니다.

**3** 낱개로 있는 풍선 15개를 10개씩 묶어 보면 10개씩 묶음은 1개, 낱개 5개입니다.
따라서 풍선의 수는 10개씩 묶음 8개와 낱개 5개인 수와 같으므로 85개입니다.

**4** 사탕 10개씩 8봉지와 낱개 15개에서 10개씩 3봉지를 팔면 남는 사탕은 10개씩 5봉지와 낱개 15개입니다. 낱개 15개는 10개씩 1봉지와 낱개 5개이므로 남아 있는 사탕은 10개씩 6봉지와 낱개 5개와 같은 65개입니다.

**5** 도윤 : 오십사 번, 시우 : 쉰네 번, 예준 : 오십사 분

**6** ㉠ 85번 ⇨ 팔십오 번   ㉡ 60층 ⇨ 육십 층
㉢ 90명 ⇨ 아흔 명

**7** 낱개의 수가 5>4이므로 □ 안에는 7보다 큰 숫자가 들어가야 합니다.
0부터 9까지의 숫자 중 7보다 큰 숫자는 8, 9이므로 □ 안에 들어갈 수 있는 숫자는 모두 2개입니다.

**8** ·짝수 : 46, 30 ⇨ 30 < 46
·홀수 : 27, 53 ⇨ 53 > 27

**9** ·10개씩 묶음의 수가 3인 수 : 34(짝수), 38(짝수)
·10개씩 묶음의 수가 4인 수 : 43(홀수), 48(짝수)
·10개씩 묶음의 수가 8인 수 : 83(홀수), 84(짝수)
따라서 만들 수 있는 몇십몇은 모두 6개이고, 이 중 짝수는 4개, 홀수는 2개입니다.

**10** 10개씩 묶음 9개와 낱개 2개인 수는 92입니다. 따라서 92와 96 사이에 있는 수는 93, 94, 95로 모두 3개입니다.

**11** 낱개 19개는 10개씩 묶음 1개와 낱개 9개와 같습니다. 따라서 10개씩 묶음 7개와 낱개 19개인 수는 10개씩 묶음 8개와 낱개 9개인 수이므로 89입니다.
따라서 88-89-90에서 89보다 1만큼 더 작은 수는 88, 1만큼 더 큰 수는 90입니다.

**12** ·67과 75 사이에 있는 수는 68, 69, 70, 71, 72, 73, 74로 7개입니다.
·94와 100 사이에 있는 수는 95, 96, 97, 98, 99로 5개입니다.

**13** 74와 82 사이에 있는 수는 75, 76, 77, 78, 79, 80, 81입니다.
칠십팔 : 78(○), 여든하나 : 81(○),
72보다 10만큼 더 큰 수 : 82(×)

**14** (1) 10개씩 묶음의 수인 7보다 작아야 하므로 □ 안에 들어갈 수 있는 숫자는 4, 5, 6입니다.
(2) 10개씩 묶음의 수는 같으므로 □ 안에 들어갈 수 있는 숫자는 낱개의 수인 5보다 큰 6, 7, 8입니다.

**15** 6■인 수 중에서 10개씩 묶음의 수가 낱개의 수보다 2 큰 수는 64입니다.

**16** (1) 10개씩 묶음의 수가 상연이가 더 크므로 상연이의 낱개의 수를 몰라도 상연이가 줄넘기를 넘은 횟수가 더 많다는 것을 알 수 있습니다.

(2) 10개씩 묶음의 수가 같고 동민이가 웅이보다 줄넘기를 더 많이 넘었으므로 □ 안에 들어갈 수 있는 숫자는 웅이의 낱개의 수인 8보다 큰 9입니다. 따라서 동민이가 넘은 줄넘기 횟수는 59번입니다.

## step 5 응용실력 높이기　22~25쪽

**1** 2, 3　　　　　　　**2** ㉡

**3** 62　　　　　　　　**4** 72

**5** 아흔여섯에 ○, 예순여덟에 ○

**6** 육십오, 여든여섯　　**7** 3

**8** 3　　　　　　　　　**9** 4

**10** 석기, 예슬, 동민, 한초

**11** 54, 64, 74　　　　**12** 6

---

**1** 42개는 10개씩 묶음 4개와 낱개 2개이므로 42개만 남기려면 65개에서 10개씩 묶음 2개와 낱개 3개를 빼야 합니다.

**2** ㉠ 85　㉡ 89　㉢ 86 ⇨ ㉡>㉢>㉠

**3** 5개씩 4봉지는 10개씩 2봉지와 같고, 낱개 12개는 10개씩 1봉지와 낱개 2개와 같습니다.
따라서 동민이가 가지고 있는 사탕은 10개씩 6봉지와 낱개 2개이므로 모두 62개입니다.

**4** 남는 색종이는 10장씩 묶음 6개와 낱개 12장이므로 모두 72장입니다.

**7** ·10보다 크고 25보다 작은 홀수는 11, 13, 15, 17, 19, 21, 23으로 7개입니다.
·30보다 크고 40보다 작은 짝수는 32, 34, 36, 38로 4개입니다.
따라서 7-4=3(개) 더 많습니다.

**8** 60과 70 사이에 있는 수는 61, 62, 63, 64, 65, 66, 67, 68, 69입니다.
이 중에서 10개씩 묶음의 수가 낱개의 수보다 작은 수는 67, 68, 69이므로 모두 3개입니다.

**9** 87보다 1만큼 더 큰 수는 88입니다. ⇨ ■=88
10개씩 묶음 7개와 낱개 23개인 수는 10개씩 묶음 9개와 낱개 3개인 수와 같으므로 93입니다.
⇨ ▲=93
88부터 93까지의 수를 순서대로 써 보면 88, 89, 90, 91, 92, 93이므로 88과 93 사이에 있는 수는 모두 4개입니다.

**10** 10개씩 묶음의 수를 비교하면 8<9이므로 예슬이와 석기의 점수가 한초와 동민이의 점수보다 높습니다.
예슬이와 석기의 점수가 다르므로 90<9▲입니다.
한초와 동민이의 점수가 다르므로 8■<89입니다.
따라서 8■<89<90<9▲이므로 점수가 가장 높은 사람부터 차례대로 이름을 쓰면 석기, 예슬, 동민, 한초입니다.

**11** 낱개의 수가 4인 몇십몇을 ■4라고 하면 52<■4<84이므로 ■ 안에 들어갈 수 있는 숫자는 5, 6, 7입니다.
따라서 구하려고 하는 수는 54, 64, 74입니다.

**12** 50보다 크고 65보다 작은 수이므로 10개씩 묶음의 수가 5 또는 6이어야 합니다.
·10개씩 묶음의 수가 5일 때 : 51, 53, 56, 59
·10개씩 묶음의 수가 6일 때 : 61, 63, 65, 69
이 중에서 50보다 크고 65보다 작은 수는 51, 53, 56, 59, 61, 63이므로 모두 6개입니다.

## 단원평가　26~28쪽

**1** 7, 70　　　　　　　**2** 5, 85

**3** (1) 9　(2) 72

**4** (1) 구십, 아흔　(2) 칠십일, 일흔하나

**5** (1) 60　(2) 87　　**6** 63

**7** ④　　　　　　　　**8** 6

**9** (1) 쉰다섯　(2) 오십오

**10** 58살 생일에 ○, 58명 모집에 ○

**11**
　　⟨20⟩　　△19　　◯36　　△41
　　◯35　　◯52　　◯48　　△17

**12** ②, ④

**13** (1) 88, 90  (2) 75   **14** ③, ④

**15** (1) <  (2) >      **16** 94, 59

**17** ①           **18** 3

**19** 예 곰 인형은 10개씩 묶음 6개이고 강아지 인형은
10개씩 묶음 3개와 낱개 8개이므로 인형은 모두
10개씩 묶음 9개와 낱개 8개입니다.
따라서 인형은 모두 98개입니다. / 98

**20** 예 규형이가 가지고 있는 초콜릿은 10개씩 묶음 7
개와 낱개 2개이므로 72개입니다.
따라서 72는 69보다 크므로 규형이가 초콜릿을
더 많이 가지고 있습니다. / 규형

**1** 10개씩 묶음 7개는 70입니다.

**2** 10개씩 묶음 8개와 낱개 5개이므로 85입니다.

**3** (2) 10개씩 묶음 7개와 낱개가 2개이면 72입니다.

**6** 10개씩 묶음 6개와 낱개 3개이면 63입니다. 따라서
탁구공은 모두 63개입니다.

**7** 구슬의 수는 10개씩 묶음 5개와 낱개 13개로 10개
씩 묶음 6개와 낱개 3개입니다.
따라서 구슬은 모두 63개입니다.

**8** 86개는 10개씩 묶음 8개와 낱개 6개이므로 오렌지
는 8봉지까지 팔 수 있습니다.
따라서 팔지 못하는 오렌지는 6개입니다.

**12** ① 홀수  ② 짝수  ③ 홀수  ④ 짝수  ⑤ 홀수

**13** (1) 89보다 1만큼 더 작은 수는 89 바로 앞의 수인
88, 89보다 1만큼 더 큰 수는 89 바로 뒤의 수
인 90입니다.
(2) 74와 76 사이에 있는 수는 75입니다.

**14** ▨와 △ 사이에 있는 수에는 ▨와 △는 들어가지 않
습니다.

**15** (1) 10개씩 묶음의 수가 91이 더 크므로 56은 91보
다 작습니다.
(2) 10개씩 묶음의 수는 같고 79가 75보다 낱개의
수가 더 크므로 79는 75보다 큽니다.

**16** 10개씩 묶음의 수가 큰 수는 90과 94이고, 이 중에
서 낱개가 큰 수는 94이므로 94가 가장 큰 수입니
다. 또 10개씩 묶음의 수가 가장 작은 수는 59입
니다.

**17** 10개씩 묶음의 수가 5보다 커야 하므로 □ 안에 들
어갈 수 있는 숫자는 6, 7, 8, 9입니다.

**18** 64의 10개씩 묶음의 수가 6이므로 □ 안에 6부터
넣어 봅니다.
□ 안에 6을 넣으면 61은 64보다 큽니다. ( × )
□ 안에 7을 넣으면 71은 64보다 큽니다. ( ○ )
□ 안에 8을 넣으면 81은 64보다 큽니다. ( ○ )
□ 안에 9를 넣으면 91은 64보다 큽니다. ( ○ )
따라서 □ 안에 들어갈 수 있는 숫자는 7, 8, 9로
모두 3개입니다.

 정답과 풀이

# 2. 덧셈과 뺄셈(1)

## step 1 개념 확인하기  30~31쪽

**1** 9, 7, 7, 9  **2** 3, 7, 7, 3
**3** 10  **4** 10 ; 10
**5** 5, 5  **6** 3, 7
**7** 10, 12, 12  **8** 10, 15, 15

**3** 사탕 6개와 4개를 이어 세어 보면 모두 10개입니다.
⇨ 6+4=10

**4** 두 수를 바꾸어 더해도 결과는 같습니다.

## step 2 기본 유형 익히기  32~35쪽

**유형1** 2, 9
**1-1** (1) 8, 5, 5, 8  (2) 3, 6, 6
**1-2** (1) 7  (2) 9
**1-3** 2+3+4=9 ; 9
**유형2** 3
**2-1** (1) 2, 4, 4, 2  (2) 3, 2, 2
**2-2** (1) 1  (2) 3
**2-3** 9-2-4=3 ; 3
**유형3** 9, 10 ; 10
**3-1** 8, 9, 10 ; 10
**3-2**

, 2
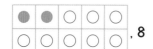
, 8
같습니다에 ○
**3-3** 1  **3-4** 4, 6
**3-5** 3, 7  **3-6** ○○○, 3
**3-7**

**3-8** (1) 2  (2) 7  **3-9** 4+6=10 ; 10
**3-10** 3

**유형4** 7, 7
**4-1** 5  **4-2** 8
**4-3**

**4-4** 5  **4-5** (1) 3  (2) 6
**4-6** 10-9=1 ; 1  **4-7** 4
**유형5**  , 13
**5-1** (1) 10, 17, 17  (2) 10, 15, 15
**5-2** (1) 16  (2) 19  (3) 12
**5-3** 4+5+5=14 ; 14

**1-2** (1) 2+4+1=7
　　　6
　　7
(2) 3+5+1=9
　　8
　9

**2-2** (1) 6-3-2=1
　　3
　1
(2) 7-3-1=3
　　4
　3

**3-6** 합이 10이 되려면 ○를 3개 그려야 합니다.

**3-7** 합이 10이 되는 두 수는 9와 1, 3과 7, 6과 4, 8과 2입니다.

**3-8** (1) 8과 더해서 10이 되는 수는 2입니다.
(2) 3을 더해서 10이 되는 수는 7입니다.

**3-10** 더 사 온 사탕을 □개라고 하면
7+□=10 ⇨ □=3
따라서 더 사 온 사탕은 3개입니다.

**4-3** 10-4=6, 10-8=2, 10-6=4

**4-4** 10개에서 5개를 지워야 5개가 남습니다.

**4-5** (1) 10에서 3을 빼야 7이 됩니다.
(2) 10에서 6을 빼야 4가 됩니다.

**4-7** 날아간 참새를 □마리라고 하면
10-□=6 ⇨ □=4
따라서 날아간 참새는 4마리입니다.

**유형5** $4+6+3=10+3=13$

**5-2** (1) $3+7+6=10+6=16$
(2) $9+6+4=9+10=19$
(3) $7+2+3=10+2=12$

## step 3 기본유형 다지기  36~41쪽

**1** 2, 4, 1, 7

**2** 9

**3** ( )( ○ )

**4** (선 긋기)

**5** 9

**6** 6

**7** 2, 2, 3

**8** 2

**9** ㉠

**10** 3

**11** (선 긋기)

**12** 3

**13** 4

**14** 1

**15** ③

**16**

| 1 | 9 | 8 | 3 |
|---|---|---|---|
|  | 5 | 4 | 6 |

**17**

| 1+9 | 7+2 | 5+5 |
|-----|-----|-----|
| 2+6 | 3+7 | 8+1 |

**18** 3, 3

**19** 2 ; 1

**20** 6

**21** (선 긋기)

**22** 4

**23** (선 긋기)

**24** 4, 4

**25** 8

**26** 3, 4, 5

**27** ㉠

**28** 3

**29** (1) 10, 12, 12  (2) 10, 12, 12

**30** (9, 1에 ○) , 15

**31** 17

**32** (선 긋기)

**33** >

**34** 9

**35** (1) 8, 12  (2) 4, 17

**36** 11

**37** 16

---

**2** $2+4+3=6+3=9$

**3** ・$3+3+2=6+2=8$
・$1+3+5=4+5=9$

**4** ・$4+1+2=5+2=7$
・$2+2+1=4+1=5$
・$1+2+3=3+3=6$

**5** △ 모양에 적은 수는 2, 3, 4이므로 세 수의 합은
$2+3+4=9$입니다.

**6** $1+3+2=4+2=6$(층)

**8** $8-2-4=6-4=2$

**9** ㉠ $5-2-2=3-2=1$
㉡ $7-1-4=6-4=2$

**10** ・$9-2-4=7-4=3$
・$9-4-2=5-2=3$

**11** ・$8-5-1=3-1=2$
・$9-5-4=4-4=0$
・$5-1-3=4-3=1$

**12** $8-2-3=6-3=3$(명)

**13** $9-2-3=7-3=4$(개)

**15** ① 8  ② 9  ③ 10  ④ 9  ⑤ 9

**16** 1과 9, 4와 6을 더하면 10입니다.

**17** $1+9=10$, $7+2=9$, $5+5=10$,
$2+6=8$, $3+7=10$, $8+1=9$

**18** 7에서 10까지 가려면 3칸을 더 가야 합니다.

**20** $4+\square=10 \Rightarrow \square=6$

**21** ・$3+\square=10$, $\square=7$
・$2+\square=10$, $\square=8$
・$\square+5=10$, $\square=5$

**22** $6+\square=10 \Rightarrow \square=4$이므로 100원짜리 동전을
4개 더 넣어야 합니다.

**23** $10-6=4$, $10-7=3$, $10-5=5$, $10-4=6$

**25** $10-\square=2 \Rightarrow \square=8$

**26** 10개에서 각각 3개, 4개, 5개를 지워야 7개, 6개,
5개가 남습니다.

**27** ㉠ $10-\square=1 \Rightarrow \square=9$
㉡ $10-\square=4 \Rightarrow \square=6$

**28** 구슬 10개 중에서 오른손에 7개를 쥐고 있으므로 왼
손에는 $10-7=3$(개)를 쥐고 있습니다.

**30** $9+1+5=10+5=15$

**31** $6+7+4=10+7=17$

**32** ・$9+1+2=10+2=12$
・$6+5+5=6+10=16$
・$3+8+7=10+8=18$

**33** ・$2+8+4=10+4=14$
・$3+9+1=3+10=13$

**34** $3+7=10$이므로 세 수의 합이 **19**가 되려면 빈 곳에는 **9**가 들어가야 합니다.

**35** (1) $2+8+2=10+2=12$
(2) $7+4+6=7+10=17$

**36** 나온 눈의 수는 **5, 1, 5**입니다.
$\Rightarrow 5+1+5=10+1=11$

**37** $6+9+1=6+10=16$(권)

**8** $9+\square=10 \Rightarrow \square=1$, $10-\square=7 \Rightarrow \square=3$

**9** ㉠ **5** ㉡ **3** ㉢ **8** ㉣ **4**

**10** $6+4+3=10+3=13$　　$9+9=18$
$7+5+3=10+5=15$　　$8+7=15$
$8+1+9=8+10=18$　　$5+8=13$

**11** (버스에 타고 있던 사람 수)$=4+6=10$(명),
정류장에서 내린 사람을 $\square$명이라고 하면
$10-\square=8 \Rightarrow \square=2$
따라서 정류장에서 내린 사람은 **2**명입니다.

**12** (어떤 수)$-3=7 \Rightarrow$ (어떤 수)$=10$
따라서 바르게 계산한 값은 $10+3=13$입니다.

## step 5 응용실력 높이기 46~49쪽

**1** 6, 2, 2　　**2** (1) 2　(2) 3
**3** 4　　**4** 10
**5** 5　　**6** 6
**7** 5　　**8** 4
**9** 9　　**10** 7, 3
**11** 예슬　　**12** 10

**1** $8-1-1=7-1=6$, $7-2-3=5-3=2$,
$5-1-2=4-2=2$

**2** (1) $7-2-㉠=3$, $5-㉠=3$, $㉠=5-3=2$
(2) $9-㉠-2=4$, $9-㉠=6$, $㉠=9-6=3$

**3** $1+2+3=6$, $1+2+4=7$, $1+2+5=8$,
$1+3+4=8 \Rightarrow$ **4**개

**4** $7+\blacksquare=10 \Rightarrow \blacksquare=3$, $10-\blacktriangle=3 \Rightarrow \blacktriangle=7$
따라서 $\bigstar=\blacksquare+\blacktriangle=3+7=10$입니다.

**5** $1+9=10$, $7+3=10$, $4+6=10$이므로 짝지어 지지 않는 수 카드의 수는 **5**입니다.

**6**
| 동생이 가지는 연필 수(자루) | 9 | 8 | 7 | 6 | 5 |
| --- | --- | --- | --- | --- | --- |
| 내가 가지는 연필 수(자루) | 1 | 2 | 3 | 4 | 5 |
| 차 | 8 | 6 | 4 | 2 | 0 |

**7** 석기가 가진 초콜릿이 **10**개가 되려면 $8+\square=10$,
$\square=2$(개)가 필요합니다.

## step 4 응용실력기르기 42~45쪽

**1** 6　　**2** ㉡, ㉢, ㉣, ㉠
**3** 9　　**4** 3
**5**
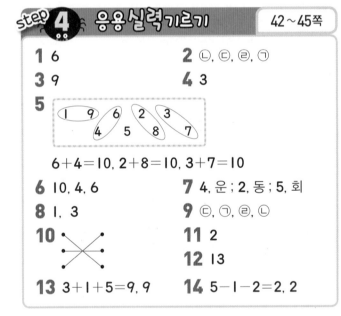
$6+4=10$, $2+8=10$, $3+7=10$
**6** 10, 4, 6　　**7** 4, 운 ; 2, 동 ; 5, 회
**8** 1, 3　　**9** ㉢, ㉠, ㉣, ㉡
**10**　　**11** 2
　　　　　　**12** 13
**13** $3+1+5=9$, 9　　**14** $5-1-2=2$, 2

**1** $1+3+2=4+2=6$(골)

**2** ㉠ **1** ㉡ **4** ㉢ **3** ㉣ **2** $\Rightarrow$ ㉡>㉢>㉣>㉠

**3** $8-3-2=\triangle$, $\triangle=3$, $3+4+2=\square$, $\square=9$

**4** $8-1-\square>3$, $7-\square>3$이므로 $\square$ 안에 들어갈 수 있는 수는 **1, 2, 3**입니다. 이 중에서 가장 큰 수는 **3**입니다.

**6** ■ 모양의 물건은 **10**개이고 ● 모양의 물건은 **4**개 이므로 $10-4=6$입니다.

지혜가 가진 초콜릿이 10개가 되려면 7+□=10, □=3(개)가 필요합니다.
따라서 필요한 초콜릿은 모두 2+3=5(개)입니다.

**8** 10−3=7, 10−4=6, 10−6=4, 10−7=3
⇨ 4개

**9** 1과 9를 더하면 10입니다.
따라서 남은 수 카드에 적힌 수의 합은
3+2+4=5+4=9입니다.

**10** 16은 10과 6을 더한 수이므로 □+□=10입니다.
따라서 두 수의 합이 10인 수 카드를 고르면 7과 3입니다.

**11** ·(예슬이가 얻은 점수)=8+2+5=10+5=15(점)
·(효근이가 얻은 점수)=4+1+9=4+10=14(점)
따라서 더 많은 점수를 얻은 사람은 예슬이입니다.

**12** 동전의 그림면이 3번 나왔으므로 숫자면은
7−3=4(번) 나왔습니다.
따라서 얻은 점수는 그림면이 3번이므로
2+2+2=6(점)을 더하고 숫자면이 4번이므로
4점을 더하면 6+4=10(점)입니다.

## 단원평가  50~52쪽

**1** 3, 4, 2, 9  **2** 2, 3, 3(또는 3, 2, 3)
**3** 5  **4** ①
**5** 6  **6** ( )( ○ )
**7** 5, 5  **8** 4
**9** (1) 2 (2) 3 (3) 5 (4) 6
**10**
**11**
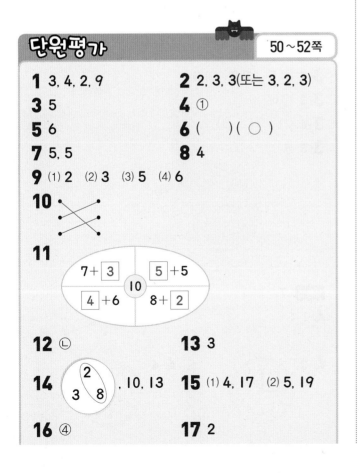
**12** ㉡  **13** 3
**14** , 10, 13  **15** (1) 4, 17 (2) 5, 19
**16** ④  **17** 2

**18** 14
**19** 예 어머니와 아버지께서 사 오신 감은 모두
4+6=10(개)이고 그중 8개를 먹었습니다.
따라서 남은 감은 10−8=2(개)입니다. ; 2
**20** 예 어떤 수를 □라고 하면 □−2=8 ⇨ □=10
입니다.
따라서 바르게 계산한 값은 10+2=12입니다.
; 12

**3** 2+□+1=3+□이므로 3+□=8, □=5입니다.
**4** ① 2 ② 1 ③ 1 ④ 1 ⑤ 0
**5** 9−2−1=7−1=6(자루)
**7** 5에서 10까지 가려면 5칸을 더 가야 합니다.
**8** 10개에서 4개를 지워야 6개가 남습니다.
**10** ·4+□=10 ⇨ □=6
·10−□=9 ⇨ □=1
·5+5=10 ⇨ □=10
**12** ㉠ 6 ㉡ 8 ㉢ 7 ㉣ 3
따라서 □ 안에 들어갈 수가 가장 큰 것은 ㉡입니다.
**13** 2와 8, 6과 4를 모으면 10입니다.
**14** 합이 10이 되는 두 수는 2와 8입니다.
**15** (1) 6+4+7=10+7=17
(2) 9+5+5=9+10=19
**16** ① 8+2+2=10+2=12
② 1+6+4=1+10=11
③ 7+3+6=10+6=16
④ 5+9+1=5+10=15
⑤ 4+3+6=10+3=13
**17** ·●+●=10, ●=5
·5+3=▲, ▲=8
·10−8=■, ■=2
**18** (사과의 수)+(파인애플의 수)+(망고의 수)
=9+1+4=10+4=14(개)

# 3. 모양과 시각

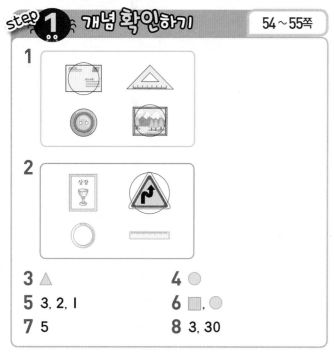

**3** △
**4** ◯
**5** 3, 2, 1
**6** ▨, ◯
**7** 5
**8** 3, 30

**1** 엽서, 액자는 ▨ 모양, 삼각자는 △ 모양, 단추는 ◯ 모양입니다.
따라서 ▨ 모양의 물건은 엽서와 액자입니다.

**2** 상장, 자는 ▨ 모양, 교통표지판은 △ 모양, 반지는 ◯ 모양입니다.
따라서 △ 모양의 물건은 교통표지판입니다.

유형1 ▨에 ◯
**1-1** ( )( △ )( )
**1-2** ( ◯ )( )( ◯ )
**1-3** ㉠
**1-4**

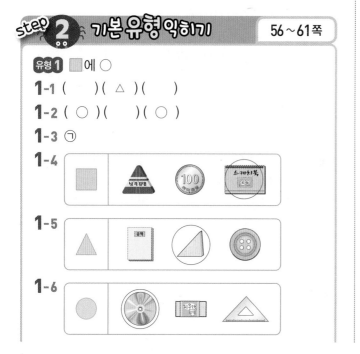

**1-7**
**1-8** 2          **1-9** 3
**1-10** 3
**1-11** 예 수학책, 지우개, 필통 ; 예 삼각자, 교통표지판, 삼각김밥 ; 예 동전, 시계, 피자

유형2

**2-1** ( )( )( ◯ )
**2-2** ( )( ◯ )( )
**2-3** ②, ④
**2-4**
**2-5** ( )( )( ◯ )( )
**2-6** ④
**2-7** ( ◯ )( )( )
**2-8** ( )( ◯ )( )
**2-9** ( )( )( ◯ )
**2-10**

유형3 △에 ◯
**3-1** 5
**3-2** (1) 5   (2) 3   (3) 3
**3-3** ◯에 ×
**3-4** ( ◯ )( )
**3-5** 예

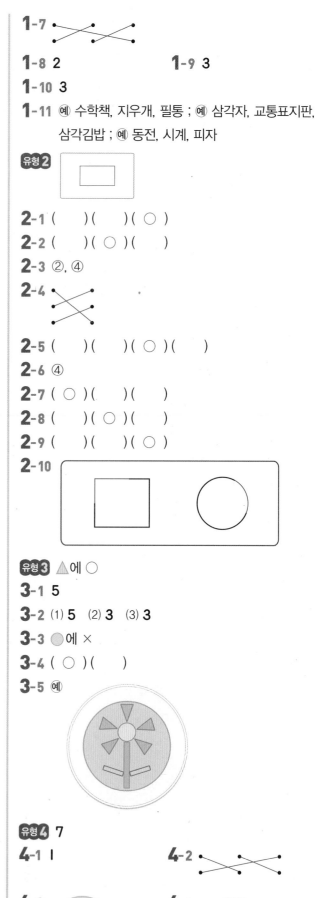

유형4 7
**4-1** 1          **4-2**
**4-3**          **4-4** , 8

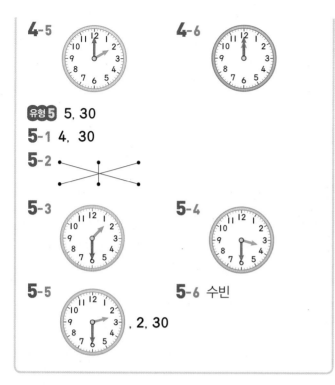

**4**-5 **4**-6

유형5 5, 30

**5**-1 4, 30

**5**-2

**5**-3 **5**-4

**5**-5 **5**-6 수빈

. 2, 30

**1**-1 접시는 ● 모양, 교통표지판은 ▲ 모양, 텔레비전은
    ■ 모양입니다.

**1**-2 동전과 탬버린은 ● 모양이고 샌드위치는 ▲ 모양
    입니다.

**1**-4 ■ 모양을 찾아 ○ 합니다.

**1**-5 ▲ 모양을 찾아 ○ 합니다.

**1**-6 ● 모양을 찾아 ○ 합니다.

**1**-8 지우개, 액자 ⇨ **2**개

**1**-9 삼각자, 샌드위치, 교통표지판 ⇨ **3**개

**1**-10 동전, 시계, 탬버린 ⇨ **3**개

**2**-1 동전을 종이 위에 대고 본을 뜨면 ● 모양이 나옵
    니다.

**2**-2 삼각자를 종이 위에 대고 본을 뜨면 ▲ 모양이 나옵
    니다.

**2**-3 ① ● 모양 ② ■ 모양 ③ ▲ 모양
    ④ ■ 모양 ⑤ ● 모양

**2**-6 ①, ②, ③, ⑤ ⇨ ■ 모양
    ④ ⇨ ▲ 모양

**2**-7 ■ 모양은 뾰족한 부분이 **4**군데입니다.

**2**-8 ▲ 모양은 반듯한 선이 **3**개 있습니다.

**2**-9 ● 모양은 뾰족한 부분과 반듯한 선이 모두 없습
    니다.

**3**-3 사용한 모양은 ■ 모양과 ▲ 모양입니다.

유형4 짧은바늘이 **7**, 긴바늘이 **12**를 가리키므로 **7**시입
    니다.

**4**-1 짧은바늘이 **1**, 긴바늘이 **12**를 가리키므로 **1**시입
    니다.

**4**-3 짧은바늘이 **9**, 긴바늘이 **12**를 가리키도록 그립니
    다.

유형5 짧은바늘이 **5**와 **6** 사이, 긴바늘이 **6**을 가리키므로
    **5**시 **30**분입니다.

**5**-1 짧은바늘이 **4**와 **5** 사이, 긴바늘이 **6**을 가리키므로
    **4**시 **30**분입니다.

**5**-3 짧은바늘이 **1**과 **2** 사이, 긴바늘이 **6**을 가리키도록
    그립니다.

**5**-5 • 긴바늘이 **6**을 가리키므로 몇 시 **30**분입니다.
    • 짧은바늘은 **2**와 **3** 사이를 가리킵니다.

**5**-6 예나는 **8**시, 형석은 **7**시 **30**분, 수빈은 **7**시에 일어
    났으므로 가장 먼저 일어난 사람은 수빈입니다.

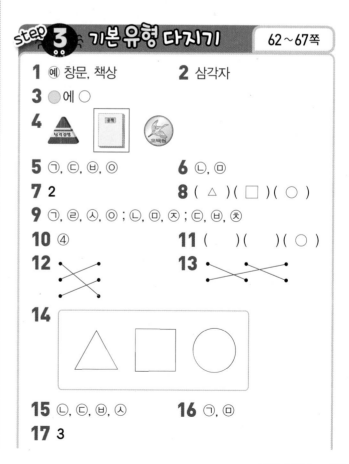

step **3** 기본 유형 다지기 **62~67**쪽

**1** 예 창문, 책상    **2** 삼각자

**3** ● 에 ○

**4**

**5** ㉠, ㉢, ㉤, ㉥    **6** ㉡, ㉣

**7** 2    **8** ( ▲ )( ■ )( ● )

**9** ㉠, ㉣, ㉆, ㉥ ; ㉡, ㉢, ㉧ ; ㉢, ㉤, ㉨

**10** ④    **11** ( )( )( ○ )

**12**    **13**

**14**

**15** ㉡, ㉢, ㉤, ㉆    **16** ㉠, ㉢

**17** 3

정답과 풀이 • **13**

**18** (예) △ 모양은 반듯한 선이 **3**개이고, ● 모양은 반듯한 선이 없습니다.

△ 모양은 뽀족한 부분이 **3**군데이고, ● 모양은 뽀족한 부분이 없습니다.

**19** ●에 ○

**20** △에 ○

**21** ( ○ )( )( )

**22** 7, 3, 2

**23** ▦에 ○

**24** 2, 4, 5

**25** ●

**26** ▦

**27** ㉢

**28** ( )( ○ )

**29** △

**30** 9

**31** 11, 30

**32** ( )( ○ )( )

**33** 예슬

**34** (예) 나는 5시에 만화 영화를 보고 싶습니다.

**35** 11

**36** 6

**37** (1)  (2)

**38** (1)  (2)

**39**

**40**

시작한 시각       마친 시각

**41** ( )( )( ○ )

**42**

(예) 아침 **10**시 **30**분에 친구들과 함께 운동장에서 야구를 하고 싶습니다.

**3** 시계에서 찾을 수 있는 모양은 ● 모양입니다.

**4** 삼각김밥 : △ 모양, 공책 : ▦ 모양, 동전 : ● 모양

**5** 선물 상자에서 찾을 수 있는 모양은 ▦ 모양입니다.

**6** 교통표지판에서 찾을 수 있는 모양은 △ 모양입니다.

**7** 시계에서 찾을 수 있는 모양은 ● 모양이므로 ㉣, ㉦으로 **2**개입니다.

**9** 크기와 색깔에 관계없이 같은 모양을 찾습니다.

**10** ①, ②, ③, ⑤는 △ 모양이고, ④는 ▦ 모양입니다.

**11** 자, 색종이, 선물 상자는 모두 ▦ 모양입니다.

**15** 뽀족한 부분이 **4**개인 모양은 ▦ 모양입니다.

**16** 반듯한 선이 **3**개인 모양은 △ 모양입니다.

**17** 반듯한 선과 뽀족한 부분이 없는 모양은 ● 모양이므로 ㉣, ㉧, ㉠입니다.

**25** 가장 많이 사용한 모양은 5개를 사용한 ● 모양입니다.

**26** 가장 적게 사용한 모양은 2개를 사용한 ▦ 모양입니다.

**27** ▦ 모양 **3**개, △ 모양 **3**개를 사용하여 꾸민 모양입니다.

**29** 맨 아래에 놓여 있는 모양은 반듯한 선이 **3**개 있으므로 △ 모양입니다.

**30** 짧은바늘이 9, 긴바늘이 12를 가리키므로 9시입니다.

**31** 짧은바늘이 11과 12 사이, 긴바늘이 6을 가리키므로 11시 30분입니다.

**32** 짧은바늘이 7과 8 사이, 긴바늘이 6을 가리키는 시계를 찾습니다.

**33** 짧은바늘이 1과 2 사이, 긴바늘이 6을 가리키므로 1시 30분입니다.

**35** 짧은바늘 : 11
긴바늘 : 12 ⇨ 11시

**36** 몇 시 30분이므로 긴바늘은 6을 가리킵니다.

**41** 몇 시 30분을 나타내는 시계에서 짧은바늘은 숫자와 숫자 사이를 가리켜야 합니다.

**1** ( 　 )( 　 )( ○ )

**2** ( 　 )( ○ )( 　 )( ○ )

**3** 지혜　　　　　　**4** 10

**5** 4　　　　　　　**6** 2

**7** 3　　　　　　　**8** 12

**9** ㉣　　　　　　　**10**

**11** 3, 30

**12** 3

**13** 9

**14** 효근　　　　　　**15** 17

---

**3** • 기차 : ▨ 모양 **3**개, △ 모양 **1**개, ◯ 모양 **4**개
　　⇨ 만들 수 있습니다.
　• 포도 : △ 모양 **1**개, ◯ 모양 **6**개
　　⇨ ◯ 모양이 **1**개 부족하므로 만들 수 없습니다.

**4** 작은 ▨ 모양 **1**칸짜리 : **4**개,
　작은 ▨ 모양 **2**칸짜리 : **3**개,
　작은 ▨ 모양 **3**칸짜리 : **2**개,
　작은 ▨ 모양 **4**칸짜리 : **1**개
　⇨ **4**＋**3**＋**2**＋**1**＝**10**(개)

**5** 작은 ▨ 모양 : **7**개, 작은 △ 모양 : **3**개
　⇨ **7**－**3**＝**4**(개)

**6** △ 모양 : **7**개, ▨ 모양 : **5**개 ⇨ **7**－**5**＝**2**(개)

**7** ▨ 모양 : **7**개, △ 모양 : **9**개, ◯ 모양 : **6**개
　따라서 가장 많은 △ 모양은 가장 적은 ◯ 모양보다
　**9**－**6**＝**3**(개) 더 많습니다.

**8** 짧은바늘과 긴바늘이 동시에 **12**를 가리키는 시각은
　**12**시입니다.

**9** ㉠　　　㉡
　　（시계 그림）

　㉢　　　㉣
　　（시계 그림）

**10** 긴바늘이 **6**을 가리키므로 짧은바늘이 **2**와 **3**의 가운
　데를 가리켜야 합니다.
　따라서 시계에 나타낼 시각은 **2**시 **30**분입니다.

**11** 짧은바늘은 **3**과 **4** 사이, 긴바늘은 **6**을 가리키므로

---

**11**（이어서）**3**시 **30**분입니다.

**12** **5**시에서 **8**시가 되려면 짧은바늘은 숫자가 쓰여진 눈
　금 **3**칸을 가야 합니다.
　따라서 긴바늘은 **3**바퀴 돌았습니다.

**13** 긴바늘이 **1**바퀴를 돌면 짧은바늘은 숫자가 적힌 눈
　금 **1**칸을 움직입니다.
　짧은바늘이 숫자 **4**에서 눈금 **5**칸을 움직이면 숫자
　**9**를 가리키므로 **9**시를 나타냅니다.

**14** 한별 : **7**시 **30**분, 효근 : **8**시 **30**분, 가영 : **8**시
　따라서 한별, 가영, 효근이의 순서로 일어났습니다.

**15** **5**시일 때 긴바늘은 **12**, 짧은바늘은 **5**를 가리키므로
　**12**＋**5**＝**17**입니다.

**1** 13　　　　　　　**2** 1, 3

**3** 2, 4　　　　　　**4** 2

**5** 9, 4, 5　　　　　**6** 13

**7** ㉡　　　　　　　**8** 7, 30

**9** 8　　　　　　　**10** 4

**11** 2, 30　　　　　　**12** 7, 30

**13** 2

---

**1** 면봉으로 직접 만들어 보면 다음과 같습니다.
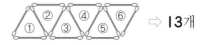 ⇨ **13**개

**2** （도형 그림）⇨ ▨ 모양 **1**개, △ 모양 **3**개

**3** 색종이를 접었다 펼치면 오른쪽과 같이
　접힌 선이 생깁니다. 따라서 접힌 선을
　따라 자르면 ▨ 모양은 **2**개, △ 모양은
　**4**개가 만들어집니다.

**4** ▨ 모양은 ㉮, ㉯, ㉰, ㉱, ㉲, ㉳, ㉴, ㉵이므로 **8**개
　입니다.
　△ 모양은 ㉠, ㉡, ㉢, ㉣, ㉤, ㉥, ㉦이므로 **7**개입
　니다.
　◯ 모양은 ①, ②, ③, ④, ⑤, ⑥이므로 **6**개입니다.
　따라서 가장 많이 사용한 모양은 ▨ 모양이고, 가장
　적게 사용한 모양은 ◯ 모양입니다.
　⇨ **8**－**6**＝**2**(개)

**5** ▨ 모양 **7**개, ▲ 모양 **4**개, ⬤ 모양 **2**개를 사용하여 만들었으므로 처음에 가지고 있던 모양 조각은 ▨ 모양이 **7**+**2**=**9**(개), ▲ 모양이 **4**개, ⬤ 모양이 **2**+**3**=**5**(개)입니다.

**6** **1**칸짜리 : **9**개, **4**칸짜리 : **3**개, **9**칸짜리 : **1**개
⇨ **9**+**3**+**1**=**13**(개)

**7** ㉠ : **3**시, ㉡ : **5**시, ㉢ : **3**시 **30**분, ㉣ : **1**시 **30**분
따라서 **1**시와 **4**시 **30**분 사이의 시각이 아닌 것은 ㉡입니다.

**8** 짧은바늘이 **7**과 **8** 사이, 긴바늘이 **6**을 가리키므로 **7**시 **30**분입니다.

**9** 긴바늘이 다섯 바퀴 반을 도는 것은 **5**시간 **30**분이 지난 후이므로 짧은바늘은 다섯 칸 반을 움직입니다. 따라서 짧은바늘은 숫자 **8**을 가리킵니다.

**10** **2**시 **30**분, **3**시 **30**분, **4**시 **30**분, **5**시 **30**분 ⇨ **4**번

**11** 공부를 시작한 시각은 **4**시 **30**분에서 긴바늘이 **2**바퀴 돌기 전의 시각입니다.
**4**시 **30**분 ⇨ **3**시 **30**분 ⇨ **2**시 **30**분

**12** 지혜가 집에 돌아온 시각은 **5**시입니다. 할머니께서 오신 시각은 **5**시에서 긴바늘이 **2**바퀴 돈 후인 **7**시이고 오빠가 온 시각은 **7**시에서 긴바늘이 반 바퀴 돈 후인 **7**시 **30**분입니다.

**13** **5**시 **30**분에서 긴바늘을 시계 반대 방향으로 한 바퀴 반 돌리면 **4**시이고, 긴바늘을 시계 반대 방향으로 **2**바퀴 더 돌리면 **2**시입니다. 따라서 신영이가 책을 읽기 시작한 시각은 **2**시입니다.

### 단원평가 76~78쪽

**1** ㉠, ㉢, ㉣, ㉤
**2** 2
**3** ㉢, ㉣, ㉤
**4** ⬤
**5** ㉡
**6** 5, 3, 4
**7** ▨, ▲
**8** 7, 12, 5
**9** ▲
**10** ( ○ )( )
**11** ⑤
**12** 3
**13**
**14** ✳

**15** 6
**16** 솔별
**17**
（시계 그림）
**18** 11, 30

**19** 예 ▨ 모양 : **4**개, ▲ 모양 : **10**개, ⬤ 모양 : **9**개
따라서 가장 많이 사용한 ▲ 모양은 가장 적게 사용한 ▨ 모양보다 **10**-**4**=**6**(개) 더 많습니다.
; **6**

**20** 예 시계의 긴바늘이 **6**을 가리키면서 **7**시와 **9**시 사이에 있는 시각은 **7**시 **30**분과 **8**시 **30**분입니다. 이 중에서 시계의 짧은바늘이 **7**보다 **9**에 더 가까운 시각은 **8**시 **30**분입니다.
; **8**, **30**

**3** 시계에서 찾을 수 있는 모양은 ⬤ 모양입니다.

**4** 고깔모자의 아랫부분은 ⬤ 모양입니다.

**7** ■ 모양 →（도형 그림）→ ▲ 모양

**8** 크기나 색깔에 관계없이 같은 모양을 찾습니다.

**9** 가장 많이 사용한 모양은 ▲ 모양입니다.

**11** ① ▲ 모양 : 없음   ② ▲ 모양 : **2**개
③ ▲ 모양 : **3**개   ④ ▲ 모양 : 없음
⑤ ▲ 모양 : **4**개

**12** 짧은바늘 : **3**
긴바늘 : **12**  ⇨ **3**시

**13** 짧은바늘이 **7**과 **8** 사이, 긴바늘이 **6**을 가리키도록 그립니다.

**15**
（시계 그림）

**16** 한초, 율이, 솔별이가 공원에 도착한 시각은 각각 **5**시 **30**분, **7**시 **30**분, **6**시입니다.
따라서 가장 빠른 시각부터 차례로 쓰면 **5**시 **30**분, **6**시, **7**시 **30**분이므로 공원에 두 번째로 먼저 도착한 사람은 솔별입니다.

**17** 피아노를 치기 시작한 시각은 **9**시 **30**분입니다. **9**시 **30**분에서 긴바늘이 반 바퀴 돈 시각은 **10**시입니다.

**18** **9**시 **30**분에서 긴바늘이 **2**바퀴 돌면 **11**시 **30**분입니다.

# 4. 덧셈과 뺄셈(2)

**1** (1) 10, 11, 12, 12    (2) 12
**2** (1) 4, 13    (2) 3, 13
**3** 11, 13, 15      **4** 7, 8, 7, 8
**5** 2, 4, 2, 2, 4      **6** 8, 8, 8

유형**1** 10, 11, 12, 12
**1-1** 5, 14
**1-2** (1) 13    (2) 13
유형**2** 11, 2
**2-1** 방법1 2, 12    방법2 2, 12
**2-2** 5, 12
**2-3** (1) 1, 16    (2) 3, 16
**2-4** (1) 14    (2) 16
**2-5** 13
유형**3** 12, 13, 14, 15, 1
**3-1** 15, 14, 13, 12
**3-2** 10, 11, 12 ; 1, 1
**3-3** (1) 8    (2) 9
**3-4**

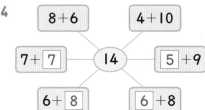

**3-5**

**3-5** (교차선 그림)

유형**4** 7, 8, 9 ; 7
**4-1** (1) 7    (2) 7    (3) 7
**4-2** 사과에 ○, 4
유형**5** 1, 9
**5-1** 5, 8
**5-2** (1) 2, 3    (2) 4, 6

**5-3** (예)
| ○ | ○ | ○ | ○ | ○ |  | ⊘ | ⊘ | ⊘ | ⊘ | ⊘ |
| ○ | ○ | ○ | ○ | ○ |  | ⊘ | | | | | , 9

**5-4** (예)
| ○ | ○ | ○ | ○ | ○ |  | ⊘ | ⊘ | ⊘ | ⊘ | ⊘ |
| ○ | ○ | ○ | ○ | ○ |  | ⊘ | ⊘ | ⊘ | | | , 8

**5-5** 15−8=7 ; 7
유형**6** 4, 9
**6-1** 3, 6
**6-2** 4, 8
**6-3** (1) 2, 7    (2) 6, 8
**6-4** 방법1 4, 6    방법2 3, 6
**6-5** (1) 5    (2) 6
**6-6** 9
유형**7** 9, 8, 7, 6, 1
**7-1** 7, 6, 5, 4
**7-2** 7, 7, 7, 7 ; 1, 같습니다에 ○
**7-3** 7, 6 ; 7 ; 8 ; 9
**7-4** (1) 1, 작아집니다에 ○    (2) 1, 커집니다에 ○
**7-5**

(교차선 그림)

**2-2** 5에 5를 더하면 10이므로 7을 2와 5로 가릅니다.

**2-5** 7+6=13(개)
        3   3

**3-1** 더하는 수는 같고, 더해지는 수가 1씩 작아지면 합도 1씩 작아집니다.

**3-3** 같은 수에 1씩 커지는 수를 더하면 합도 1씩 커집니다.

**3-5** 두 수를 서로 바꾸어 더해도 합은 같습니다.

**4-2** 사과와 귤을 하나씩 짝지어 보면 사과가 4개 더 많습니다.

**5-2** (1) 12에서 2를 빼면 10이므로 9를 2와 7로 가릅니다.
     (2) 14에서 4를 빼면 10이므로 8을 4와 4로 가릅니다.

**5-4** 딸기 17개 중에서 9개를 지우면 남는 딸기는 7개입니다.

**6-3** (1) 12를 10과 2로 가르기 하여 10에서 5를 뺀 다음, 2를 더합니다.
     (2) 16을 10과 6으로 가르기 하여 10에서 8을 뺀 다음, 6을 더합니다.

**6-6** $18-9=9$(개)

$10$ $8$

**7-1** 빼는 수는 같고, 빼지는 수가 1씩 작아지면 차는 1씩 작아집니다.

**7-3** $13-6=7$, $13-7=6$, $14-7=7$, $15-7=8$, $16-7=9$

**7-5** ・$13-6=7$　　・$16-7=9$
・$15-7=8$　　・$14-6=8$
・$17-8=9$　　・$12-5=7$

## step 3 기본유형 다지기 88~93쪽

**1** 11, 12, 13 ; 13　　**2** (1) 15　(2) 16

**3** 13

**4**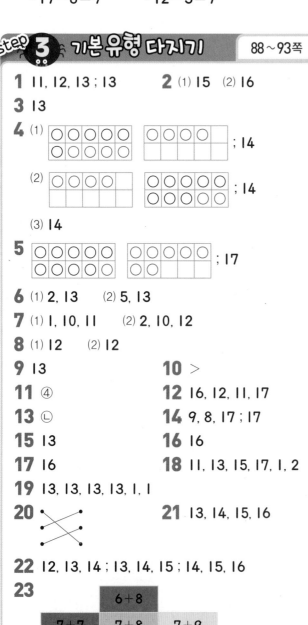
(1) ; 14
(2) ; 14
(3) 14

**5** ; 17

**6** (1) 2, 13　(2) 5, 13

**7** (1) 1, 10, 11　(2) 2, 10, 12

**8** (1) 12　(2) 12

**9** 13　　　　　　**10** >

**11** ④　　　　　　**12** 16, 12, 11, 17

**13** ㉡　　　　　　**14** 9, 8, 17 ; 17

**15** 13　　　　　　**16** 16

**17** 16　　　　　　**18** 11, 13, 15, 17, 1, 2

**19** 13, 13, 13, 13, 1, 1

**20** 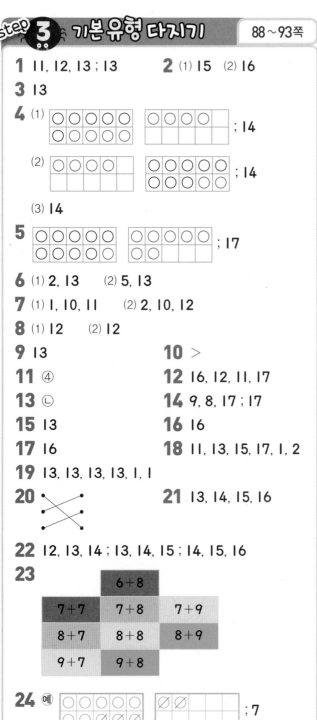　　　　**21** 13, 14, 15, 16

**22** 12, 13, 14 ; 13, 14, 15 ; 14, 15, 16

**23**

| | | 6+8 | |
|---|---|---|---|
| 7+7 | 7+8 | 7+9 | |
| 8+7 | 8+8 | 8+9 | |
| 9+7 | 9+8 | | |

**24** (예) ; 7

**25** (1) 6, 9　(2) 6, 9　　**26** 2, 6

**27** (1) 4　(2) 9

**28** (예) 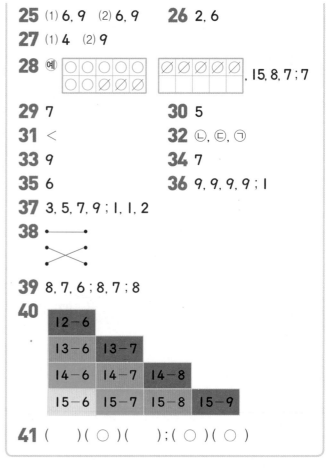, 15, 8, 7 ; 7

**29** 7　　　　　　**30** 5

**31** <　　　　　　**32** ㉡, ㉢, ㉠

**33** 9　　　　　　**34** 7

**35** 6　　　　　　**36** 9, 9, 9, 9 ; 1

**37** 3, 5, 7, 9 ; 1, 1, 2

**38**

**39** 8, 7, 6 ; 8, 7 ; 8

**40**

| 12-6 | | | |
|---|---|---|---|
| 13-6 | 13-7 | | |
| 14-6 | 14-7 | 14-8 | |
| 15-6 | 15-7 | 15-8 | 15-9 |

**41** ( 　 )( ○ )( 　 ) ; ( ○ )( ○ )

**6** (1) 8에 2를 더하면 10이 되므로 5를 2와 3으로 가릅니다.
(2) 5에 5를 더하면 10이 되므로 8을 3과 5로 가릅니다.

**9** $7+6=13$

**10** $9+4=13$, $3+8=11$ ⇨ $13>11$

**11** ① 13　② 12　③ 13　④ 14　⑤ 11

**12** ・$7+9=6+1+9=6+10=16$
・$4+8=2+2+8=2+10=12$
・$7+4=7+3+1=10+1=11$
・$9+8=9+1+7=10+7=17$

**13** ㉠ 12　㉡ 17　㉢ 13 ⇨ ㉡>㉢>㉠

**14** (예슬이가 받은 점수의 합)
$=9+8=9+1+7=10+7=17$(점)

**15** (두 사람이 먹은 초콜릿 수)
=(한초가 먹은 초콜릿 수)+(동생이 먹은 초콜릿 수)
$=7+6=7+3+3=10+3=13$(개)

**16** (전체 구슬의 수)
=(동민이가 가지고 있는 구슬의 수)
　+(한초가 가지고 있는 구슬의 수)
$=7+9=6+1+9=6+10=16$(개)

**17** (마당에 있는 닭의 수)
= (암탉의 수)+(수탉의 수)
= 8+8=8+2+6=10+6=16(마리)

**20** 두 수를 서로 바꾸어 더해도 합은 같습니다.

**21** 더해지는 수는 같고 더하는 수가 1씩 커지면 합은 1씩 커집니다.

**23** 6+8=14, 7+7=14, 7+8=15, 7+9=16,
8+7=15, 8+8=16, 8+9=17, 9+7=16,
9+8=17

**25** (1) 16에서 6을 빼면 10이므로 7을 6과 1로 가릅니다.
(2) 16을 10과 6으로 가르기 하여 10에서 7을 뺀 다음 6을 더합니다.

**26** 12는 10과 2로 가를 수 있으므로 10에서 6을 뺀 다음 2를 더합니다.

**29** 16−9=16−6−3=10−3=7

**31** ・15−9=10−9+5=1+5=6
・12−3=10−3+2=7+2=9
⇨ 6<9

**32** ㉠ 9 ㉡ 7 ㉢ 8 ⇨ ㉡<㉢<㉠

**33** (예슬이가 가지고 있는 연필의 수)
= 15−6=15−5−1=10−1=9(자루)

**34** (걸리지 않은 고리의 수)
= 12−5=12−2−3=7(개)

**35** 13−7=10−7+3=3+3=6(번)
따라서 동민이는 규형이보다 제기를 6번 더 찼습니다.

**38** ・14−8=6  ・15−9=6
・11−3=8  ・13−6=7
・16−9=7  ・16−8=8

**41** 15−9=6, 14−7=7, 15−7=8, 13−6=7,
12−5=7

## step 4 응용실력기르기  94~97쪽

**1** ㉡, ㉣, ㉠, ㉢

**2** 12

**3** 5

**4** 한초, 2

**5** 7, 9 ; 9, 7

**6**

| | | |
|---|---|---|
| 5 + 8 = 13 | 16 | 2 |
| 9 | 13 | 7 + 5 = 12 |
| 14 | 6 + 5 = 11 | 9 |
| 3 | 10 | 8 + 7 = 15 |

**7** 가영  **8** 7

**9**  **10** 6

**11** 13 − 6 = 7 ; 13 − 7 = 6

**12** 3  **13** 15

**14** 9

**1** ㉠ 12  ㉡ 14  ㉢ 11  ㉣ 13 ⇨ ㉡>㉣>㉠>㉢

**2** 4와 6, 8과 2를 모으면 10이 되므로 짝지어지지 않는 수 카드는 7과 5입니다.
⇨ 7+5=12

**3** 5+9=4+1+9=4+10=14
14<1□이므로 □ 안에는 4보다 큰 숫자가 들어갑니다. □ 안에 들어갈 수 있는 숫자는 5, 6, 7, 8, 9 이므로 모두 5개입니다.

**4** ・(한초가 가지고 있는 구슬 수)=5+8=13(개)
・(가영이가 가지고 있는 구슬 수)=4+7=11(개)
따라서 한초가 구슬을 13−11=2(개) 더 많이 가지고 있습니다.

**5** ☆이 있는 칸에 들어갈 덧셈식은 8+8=16입니다.

**7** 지혜 : 14−7=7, 가영 : 18−9=9,
예슬 : 11−3=8
9>8>7이므로 놀이에서 이긴 사람은 가영이입니다.

**8** 가장 큰 수 : 12, 가장 작은 수 : 5
⇨ 12−5=7

**9** 18−9=9, 12−8=4, 15−9=6, 13−6=7,
15−7=8, 13−8=5

**10** ■＝7＋8＝15, ▲＝15－9＝6

**11** 가장 큰 수에서 하나의 수를 빼면 나머지 수가 되는
빨셈식을 만듭니다.
⇨ 13－6＝7, 13－7＝6

**12** 14－9＝5＜8(○), 14－8＝6＜8(○),
14－7＝7＜8(○), 14－6＝8＜8(×)
따라서 □ 안에 들어갈 수 있는 수는 9, 8, 7로 모두
3개입니다.

**13** 노란 구슬은 파란 구슬보다 4개 적게 들어 있으므로
12－4＝8(개)입니다.
따라서 상자 안에 들어 있는 빨간 구슬과 노란 구슬
은 모두 7＋8＝15(개)입니다.

**14** 영수가 꺼낸 공에 적힌 두 수의 합이 8＋6＝14이므
로 동민이가 꺼낼 공에 적힌 두 수의 합인 7＋□는
14보다 커야 합니다.
7＋8과 7＋9가 14보다 크지만 영수가 이미 8을
꺼냈으므로 동민이는 7＋9＝16이 되어야 이깁니
다. 따라서 동민이는 9가 적힌 공을 꺼내야 합니다.

**1** 16
**3** 영수
**4** 9
**5**

| 16 | － | 9 | ＝ | 7 | | 12 | | 7 | | 3 |
|---|---|---|---|---|---|---|---|---|---|---|
| 17 | － | 8 | ＝ | 9 | | 8 | | 15 | | 11 |
| 9 | | 14 | | 5 | | 4 | | 10 | | 6 |
| 8 | | 15 | － | 7 | ＝ | 8 | | 13 | | 5 |

**6** 4
**7** 14
**8** 4
**9** 2
**10** 가영, 1
**11** 3
**12** 6

**1** 5와 6을 모으면 11이므로 ㉠＝6입니다.
15는 10과 5로 가를 수 있으므로 ㉡＝5입니다.
5와 8을 모으면 13이므로 ㉢＝5입니다.
⇨ ㉠＋㉡＋㉢＝6＋5＋5＝6＋10＝16

**2** ·4＋9＝13    ·11－6＝5    ·8＋5＝13
·13－5＝8    ·7＋6＝13    ·17－9＝8
·14－9＝5    ·15－7＝8    ·12－7＝5

**3** 영수 : 6＋8＝14(점), 한별 : 2＋9＝11(점),
효근 : 7＋6＝13(점)

**4** ㉠ 9＋7＝16    ㉡ 13－6＝7
⇨ ㉠－㉡＝16－7＝9

**6** 10－5＝5＜9(○), 11－5＝6＜9(○),
12－5＝7＜9(○), 13－5＝8＜9(○),
14－5＝9＜9(×)
따라서 □ 안에 들어갈 수 있는 숫자는 0, 1, 2, 3으
로 모두 4개입니다.

**7** 7＋7＝14이므로 ★＝7입니다.
16－7＝▲, ▲＝9입니다.
■－5＝9 ⇨ ■보다 5 작은 수가 9이므로 ■는
9보다 5 큰 수인 9＋5＝14입니다.

**8** 13에서 8을 빼면 5가 되므로 ㉠＋㉠＝8입니다.
따라서 4＋4＝8이므로 ㉠＝4입니다.

**9** 만들 수 있는 가장 작은 십몇은 15입니다.
⇨ 15－7－6＝8－6＝2

**10** ·(가영이가 얻은 점수)＝17－8＝9(점)
·(예슬이가 얻은 점수)＝15－7＝8(점)
따라서 가영이는 예슬이보다 9－8＝1(점) 더 얻었
습니다.

**11** 어떤 수를 □라고 하면 □＋6＝15 ⇨ □＝9입니다.
따라서 바르게 계산하면 9－6＝3입니다.

**12** 웅이가 3번 이기고 1번 졌으므로 신영이는 1번 이기
고 3번 졌습니다.
·웅이 : 4＋4＋4＋1＝13(칸)
·신영 : 1＋1＋1＋4＝7(칸)
따라서 웅이는 신영이보다 13－7＝6(칸) 더 위에
있습니다.

## 단원평가

102~104쪽

**1** 10, 11 ; 11     **2** 15

**3** (1) 1, 17 (2) 3, 11     **4** >

**5** 16, 12, 15, 13     **6** 12

**7** 15     **8** 4

**9** (1) 1, 6 (2) 3, 5

**10** ( ○ )( )( ○ ) ; ( )( ○ )

**11** 6, 7, 8, 9     **12** 7, 14

**13** ㉡     **14** 8

**15** 5     **16** 5

**17** 13     **18** 7, 5, 4

**19** 예 노란색 풍선은 5+3=8(개)이므로 동민이가
가지고 있는 풍선은 모두 5+8=13(개)입니다.
; 13

**20** 예 남은 사과의 수는 16−9=7(개)이고, 남은 귤
의 수는 15−6=9(개)입니다.
따라서 귤이 9−7=2(개) 더 많이 남았습니다.
; 귤, 2

**4** 8+6=14, 3+9=12 ⇨ 14>12

**5** 7+9=16, 8+4=12, 7+8=15, 9+4=13

**6** 7+5=12(자루)
      ⌄
     3 2

**7** 6+9=15(개)
      ⌄
     5 1

**10** 15−6=9, 12−5=7, 16−7=9, 11−3=8,
17−8=9

**11** 11−5=6, 12−5=7, 13−5=8, 14−5=9

**12** 12−5=7, 7+7=14

**13** ㉠ 6 ㉡ 7 ㉢ 5

**14** 가장 큰 수 : 15, 가장 작은 수 : 7
   ⇨ 15−7=8

**16** 12−7=5(개)
      ⌄
     2 5

**17** (한별이의 점수)
=7+6=7+3+3=10+3=13(점)

**18** 4부터 7까지의 수 중에서 합이 16인 서로 다른 세
수는 7+5+4=7+9=16이므로 7점, 5점, 4점
입니다.

---

# 5. 규칙 찾기

## step 1 개념 확인하기

106~107쪽

**1** 노란색, 노란색, 빨간색    **2** ↑

**3** ( ○ )
    ( )

**4** (1) 초록색 (2)

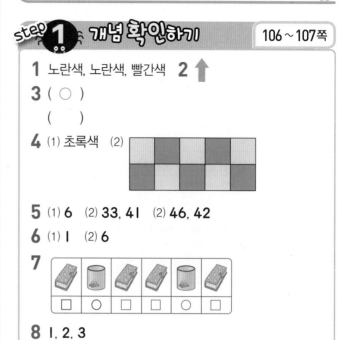

**5** (1) 6 (2) 33, 41 (2) 46, 42

**6** (1) 1 (2) 6

**7**

| 🪥 | 🥫 | 🪥 | 🪥 | 🥫 | 🪥 |
|---|---|---|---|---|---|
| □ | ○ | □ | □ | ○ | □ |

**8** 1, 2, 3

**2** ↑, ↑, → 가 반복되는 규칙입니다.

**5** (1) 6과 2가 반복되는 규칙입니다.
(2) 4씩 커지는 규칙입니다.
(3) 2씩 작아지는 규칙입니다.

**8** 빨간색 구슬을 1, 노란색 구슬을 2, 파란색 구슬을
3으로 나타낸 것입니다.

## step 2 기본 유형 익히기

108~111쪽

유형 1 🍎 🍎 🍏 🍎 🍎 🍎 🍎 🍏

**1-1** ( ○ )( )( )

**1-2** △

**1-3** (1)

| ● | ● | ● | ● | ● | ● |
|---|---|---|---|---|---|

예 빨간색과 노란색이 반복됩니다.

(2)

| → | ↑ | → | ↑ | → | ↑ |
|---|---|---|---|---|---|

예 →와 ↑이 반복됩니다.

**1-4** (1) ▨ (2) ●    **1-5** ㉡, ㉣, ◎

**1-6**

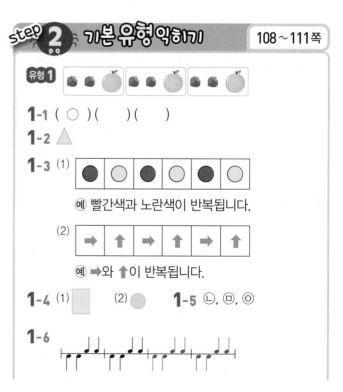

**유형 2** ☆ ● ☆ ● ☆ ● ☆

**2-1** ○ △ △ ○ △ △ ○ △ △

**2-2** 예 ● ● ○ ● ● ○ ● ● ○

검은 바둑돌, 검은 바둑돌, 흰 바둑돌이 반복되는 규칙입니다.

**2-3** 예 □ △ △ □ △ △ □ △ □

예 □ △ △ □ △ △ □ △ □

**유형 3**

**3-1** ○ ◆ ○ ◆ ○ ◆ ○
◆ ○ ◆ ○ ◆ ○ ◆

**3-2** 예 빨간색-노란색-노란색이 반복되는 규칙입니다.

**3-3** 예

**유형 4** (1) 5, 4  (2) 2, 6, 6

**4-1** (1) 36, 41  (2) 54, 62

**4-2** (1) 29, 23  (2) 67, 47

**4-3** 예 20부터 2씩 작아지는 규칙이 있습니다.

**4-4** ㉠ : 46, ㉡ : 58

**4-5** 예 오른쪽으로는 1씩 커지고, 아래쪽으로는 10씩 커집니다.

**4-6** 79, 74, 69, 64

**4-7** 예  ⑩ ─ ⑫ ─ ⑭ ─ ⑯ ─ ⑱

예 10부터 2씩 커지는 규칙입니다.

**유형 5** 89

**5-1**

| 71 | 72 | 73 | 74 | 75 | 76 | 77 | 78 | 79 | 80 |
|----|----|----|----|----|----|----|----|----|-----|
| 81 | 82 | 83 | 84 | 85 | 86 | 87 | 88 | 89 | 90 |
| 91 | 92 | 93 | 94 | 95 | 96 | 97 | 98 | 99 | 100 |

**5-2** (1) 40, 50, 60  (2) 11

**유형 6** ▨, ◢

**6-1**

| ⚾ | ⚽ | ⚽ | ⚾ | ⚽ | ⚽ |
|----|----|----|----|----|----|
| ♡ | ○ | ○ | ♡ | ○ | ○ |

**6-2**

| 🥒 | 🍆 | 🥒 | 🥒 | 🍆 | 🥒 |
|----|----|----|----|----|----|
| ◎ | △ | ◎ | ◎ | △ | ◎ |

**6-3** 5, 0, 2

**유형 1** 딸기, 딸기, 배가 반복되는 규칙입니다.

**1-1** 야구공, 주사위, 교통표지판이 반복되는 규칙입니다.

**1-2** ○, △, ▨가 규칙적으로 반복되므로 □ 안에는 △를 그려 넣어야 합니다.

**1-4** (1) ▨, ▨, ○, ○이 규칙적으로 반복되므로 □ 안에 들어갈 모양은 ▨입니다.

(2) ○, ▨, ◢, ◣이 규칙적으로 반복되므로 □ 안에 들어갈 모양은 ○입니다.

**1-5** ★, ♥, ◆를 차례로 넣어보면 ◆가 들어갈 곳은 ㉡, ㉭, ◎입니다.

**1-6** ♩♪♪♩ 모양이 반복되는 규칙입니다.

**2-3** 예 ▨, △가 반복되는 규칙입니다.

예 ▨, △, △, ▨가 반복되는 규칙입니다.

**3-1** 노란색 ○와 보라색 ◆가 반복되는 규칙입니다.

**유형 4** (1) 5와 4가 반복되는 규칙입니다.

(2) 2, 6, 6이 반복되는 규칙입니다.

**4-1** (1) 5씩 커지는 규칙입니다.

(2) 8씩 커지는 규칙입니다.

**4-2** (1) 3씩 작아지는 규칙입니다.

(2) 10씩 작아지는 규칙입니다.

**유형 5** 색칠한 수들은 8씩 커지는 규칙이 있습니다.

**5-1** 파란색을 칠한 수들은 72, 75, 78, 81, 84이므로 3씩 커지는 규칙입니다. 따라서 87부터 3씩 커지는 수들에 파란색을 칠합니다.

**5-2** (2) 보라색으로 칠해진 칸에 있는 수들은 65─76─87─98이므로 11씩 커지는 규칙입니다.

**유형 6** 연필은 ▨, 지우개는 △로 나타내었습니다.

**6-1** 야구공은 ♡, 축구공은 ○로 나타내었습니다.

**6-2** 당근은 ◎, 가지는 △로 나타내었습니다.

**6-3** 보는 5, 바위는 0, 가위는 2로 나타내었습니다.

**step 3 기본유형 다지기** 112~117쪽

**1** ♡, ☆

**2** 딸기

**3** △

  ㈜ △, ○, ■가 반복되는 규칙입니다.

**4** 검은색

**5** ㉡, ㉢

**6**

**7** ㈜ 지우개, 자

**8** ( )
  ( ○ )

**9**
| 짝 짝 | 짝 짝 | 짝 짝 |
|---|---|---|
| 쿵 | 쿵 | 쿵 |

**10**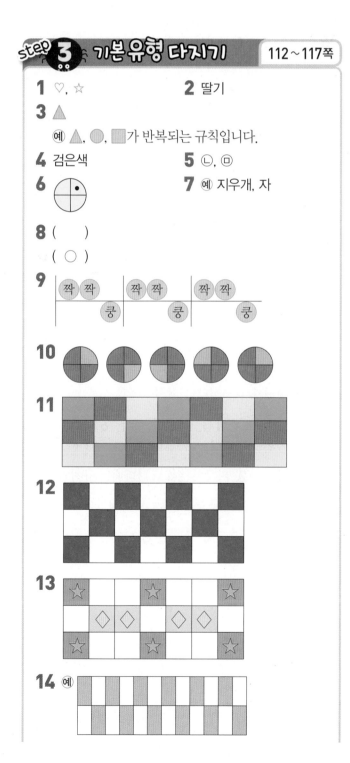

**11**

**12**

**13**

**14** ㈜

**15** ㈜

**16** ㈜

**17** ㈜

  ㈜ △, ○ 모양이 반복되는 규칙으로 무늬를 꾸몄습니다.

**18** (1) 60, 70, 75  (2) 76, 72, 68

**19** ㈜ 11부터 61까지 10씩 커지는 규칙입니다.

**20** 3, 7, 5, 7

**21** 60 ; 30, 20

**22** 54

**23** 5, 10

**24**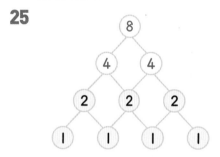

3 6
9

**25**

8

4 4

2 2 2

1 1 1 1

**26** 34

**27** ㈜ 왼쪽이나 오른쪽으로는 1씩 작아지거나 커지고, 위쪽이나 아래쪽으로는 3씩 커지거나 작아집니다.

**28** (1) 28, 29, 30, 31  (2) 59, 69, 79, 89

**29** (1) 52  (2) 50, 57

**30** 17, 22

**31** 1, 6, 7, 5

**32**
| 56 | | 59 | | 62 |
|---|---|---|---|---|
| | 65 | | 68 | |
| | 71 | | 74 | |
| 77 | | 80 | | 83 |

**33**
| 61 | 62 | | | 66 | 67 |
|---|---|---|---|---|---|
| | 69 | | | 73 | 74 |
| | 76 | 77 | | 79 | |
| 82 | | | 85 | | 88 |

**34**

| 36 | 37 |  | 39 |  | 41 |
|----|----|----|----|----|----|
|  |  |  | 45 |  |  |
|  |  |  | 51 |  | 53 |
|  |  |  | 57 |  |  |

83, 89, 95

**35**

**36** 64

**37** 규칙1 예 → 방향으로는 1씩 커지는 규칙입니다.
규칙2 예 ↓ 방향으로는 6씩 커지는 규칙입니다.

**38** 2, 4, 2, 4

**39**

**40** 짝, 홀, 홀, 짝, 홀, 홀

**41** 예 ■ ■ ★ ■ ■ ★ ■ ■ ★
예 ■, ■, ★이 반복되는 규칙입니다.

**42** ⚁ , 4, 6

**1** ♡, ☆이 반복되는 규칙입니다.

**2** 사과, 딸기, 딸기, 배가 반복되는 규칙이므로 □ 안에는 딸기를 놓아야 합니다.

**4** ●○○●이 반복되는 규칙이므로 □ 안에 놓일 바둑돌은 검은 바둑돌입니다.

**6** •이 시계 방향으로 한 칸씩 움직이는 규칙입니다.

**7** ◕, ◪, ◕가 반복되는 규칙이므로 □ 안에 들어갈 모양은 ◪ 모양입니다.

**8** 빨간색, 초록색, 빨간색이 반복되는 규칙입니다.

**9** 짝−짝−쿵이 반복되는 규칙입니다.

**10** 주황색이 시계 방향으로 1칸씩 움직이며 색칠되고, 나머지 부분은 보라색으로 색칠되는 규칙입니다.

**11** 초록색, 보라색, 노란색을 순서대로 번갈아 가며 색칠하는 규칙입니다.

**16** ◺ 모양을 시계 방향으로 돌리며 무늬를 꾸몄습니다.

**18** (1) 5씩 커지는 규칙입니다.
(2) 4씩 작아지는 규칙입니다.

**20** 3, 5, 7이 반복되는 규칙입니다.

**21** 90부터 시작하여 10씩 작아지는 규칙입니다.

**22** 78−72−66−60−54

**24** 3+4=7, 3+5=8에서 위에 있는 두 수의 합이 아래에 있는 수가 되는 규칙입니다. 또한 위에 있는 수 중 왼쪽의 수는 변하지 않고 오른쪽 수는 1씩 커지는 규칙입니다.

**25** 아래에 있는 두 수의 합이 위의 수가 되는 규칙입니다.

**26** 보기는 9씩 작아지는 규칙이므로 70부터 9씩 작아지는 수를 알아봅니다.
70 − 61 − 52 − 43 − 34에서 ㉠=34입니다.

**28** (1) 1씩 커지는 규칙입니다.
(2) 10씩 커지는 규칙입니다.

**29** (2) 7씩 커지는 규칙입니다.

**30** 5+6=11, 11+6=★, 10+6=16, 16+6=♥
⇨ ★=17, ♥=22

**32** 3씩 커지는 규칙입니다.

**33** 가로로 있는 수들은 1씩 커지고, 세로로 있는 수들은 7씩 커지는 규칙입니다.

**34** 초록색으로 색칠한 칸에 들어가는 수들은 6씩 커지는 규칙입니다.

**35** 가로로 있는 수들은 1씩 커지고, 세로로 있는 수들은 9씩 커지는 규칙입니다.

**36** → 방향으로는 1씩, ↓ 방향으로는 6씩, ↘ 방향으로는 7씩 커집니다.

**38** 오토바이는 2, 자동차는 4로 나타내는 규칙입니다.

**39** 축구공은 ◉, 야구공은 ○로 나타내었습니다.

**42** ⚁ 은 2, ⚃ 은 4, ⚅ 은 6으로 나타내는 규칙입니다.

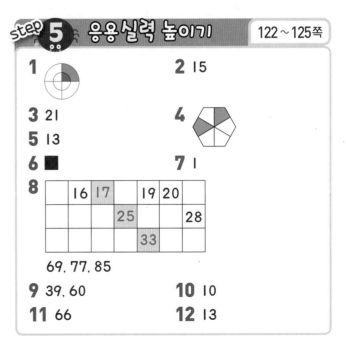

## step 4 응용실력기르기  118~121쪽

**1** ⑩ △, ○, □, □ 모양의 물건이 반복되는 규칙이 있습니다.

**2** (원 그림)

**3**
| □ | △ | ○ | ☆ | □ | △ |
|---|---|---|---|---|---|
| △ | ○ | ☆ | □ | △ | ○ |
| ○ | ☆ | □ | △ | ○ | ☆ |

**4** 7

**5** ○, 3

**6** 농구공

**7** 9

**8** △

**9** ⑩ (무늬 그림)

**10** 21

**11** 12

**12** 55

**13** ②

**14** 45

---

**2** 빨간색, 노란색을 번갈아 가며 시계 방향으로 1칸씩 옮기면서 색칠하는 규칙입니다.

**3** 초록색, 노란색, 보라색, 빨간색을 각각 □, △, ○, ☆로 놓고 색에 맞도록 모양을 그립니다.

**4** 펼친 손가락이 2개─0개─5개가 반복되는 규칙이므로 ○ 안에 들어갈 그림에서 펼친 손가락이 5개, □ 안에 들어갈 그림에서 펼친 손가락이 2개입니다.
따라서 ○와 □에 들어갈 그림에서 펼친 손가락은 모두 5+2=7(개)입니다.

**5** △, ○, ○ 모양이 반복되는 규칙이므로 빈칸에 들어갈 알맞은 모양을 그려 넣으면

| △ | ○ | ○ | △ | ○ | ○ | △ | ○ | ○ | △ | ○ | ○ | △ |
|---|---|---|---|---|---|---|---|---|---|---|---|---|

와 같습니다.
따라서 △ 모양은 5개, ○ 모양은 8개이므로 ○ 모양이 8─5=3(개) 더 많습니다.

**6** 축구공, 야구공, 골프공, 농구공, 배구공이 규칙적으로 반복되며 놓여 있으므로, 반복되는 부분에는 5개의 공이 놓입니다.
놓여진 공들을 5개씩 묶어보면 29번째 공은 6번째 묶음의 공 중 4번째 공이므로 농구공 모양입니다.

---

**7** (원 4등분 그림) 왼쪽과 같은 모양으로 색칠해야 하므로 더 색칠해야 할 부분의 수들의 합은 1+3+5=9입니다.

**8** □, ☆, ○, △ 모양이 반복되는 규칙이므로 열여섯째 모양은 △ 모양입니다.

**10** 74부터 7씩 작아지는 규칙이므로
㉠=67, ㉡=46입니다.
➡ ㉠─㉡=67─46=21

**11** 세로줄은 아래쪽으로 갈수록 8씩 커지는 규칙입니다.
처음 수를 찾아야 하므로 46부터 8씩 작아지는 수를 찾으면 46─38─30─22로 ♣에 알맞은 수는 22입니다.
따라서 22보다 10 작은 수는 12입니다.

**12** 10+1+2=13, 20+3+4=27, 30+5+6=41이므로
㉠=40+7+8=55입니다.

**13** ①의 칸에 있는 수들의 일의 자리 숫자가 1, 6, 1, 6이 반복되고 ②의 칸에 있는 수들의 일의 자리 숫자가 2, 7, 2, 7이 반복됩니다.
그런데 47은 일의 자리 숫자가 7이므로 ②의 칸에 적어야 합니다.

**14** 규칙을 알아 보면 60 59 57 54 50이므로
$\underset{-1}{} \underset{-2}{} \underset{-3}{} \underset{-4}{}$
□ 안에 들어갈 수는 50보다 5가 작은 45입니다.

---

## step 5 응용실력 높이기  122~125쪽

**1** (원 그림)

**2** 15

**3** 21

**4** (육각형 그림)

**5** 13

**6** ■

**7** 1

**8**
| | 16 | 17 | | 19 | 20 |
|---|---|---|---|---|---|
| | | | 25 | | 28 |
| | | | | 33 | |

69, 77, 85

**9** 39, 60

**10** 10

**11** 66

**12** 13

 **정답과 풀이**

**1** 안쪽에는 빨간색을 시계 방향으로 한 칸씩 돌아가면서 색칠하고, 바깥쪽에는 초록색을 시계 반대 방향으로 한 칸씩 돌아가면서 색칠한 규칙입니다.

**2** 빨간색 ▲ 모양은 **3**개, **5**개, **7**개, ……로 **2**개씩 늘어나는 규칙입니다.
따라서 일곱째에 놓일 빨간색 ▲ 모양은
$3+2+2+2+2+2+2=15$(개)입니다.

**3** ♥, ◐, ♥, ▨가 반복되는 규칙입니다.
따라서 **40**번째까지 모양을 늘어놓으면 ♥는 **20**번 놓이게 되고 **41**번째에도 ♥를 놓아야 하므로, **41**번째까지 모양을 늘어놓았을 때 ♥는 모두 **21**개입니다.

**4** 이 반복되고 있으므로 다섯째에 놓이는 모양은 둘째에 놓인 모양과 같은 모양입니다.

**5** ▨, ▲, ▲이 반복되므로 ▨는 **3**개마다 반복됩니다.
**20**번째까지 ▨는 **1**, **4**, **7**, **10**, **13**, **16**, **19**로 **7**개 있으므로 **20**번째까지 놓이는 ▲는 $20-7=13$(개)입니다.

**6** 모양은 ○, ○, □, △가 반복되고, 색깔은 흰색, 검은색, 검은색이 반복되므로 □ 안에 들어갈 모양은 ■이고, 검은색이 되어야 합니다. 따라서 □ 안에 들어갈 모양은 ■입니다.

**7** ○△▢□○△□○△▢○ — 첫째 줄
△▢□○△□○△▢○△ — 둘째 줄
▢□○△□○△▢○△□ — 셋째 줄
○△□○△▢○△▢○□ — 넷째 줄
△□○△▢○△▢○△▢ — 다섯째 줄
□○△▢○△▢○△□ — 여섯째 줄
○△▢○△▢○△▢○ — 일곱째 줄

○는 **24**개, △는 **23**개로 ○는 △보다 **1**개 더 많이 놓입니다.

**8** 색칠한 곳에 들어갈 수는 **17**, **25**, **33**이므로 **8**씩 커지는 규칙입니다.
따라서 **53**부터 **8**씩 커지는 수를 차례대로 쓰면 **61**, **69**, **77**, **85**입니다.

**9** 오른쪽으로 갈수록 **1**씩 커지고 아래쪽으로 갈수록 **12**씩 커지는 규칙이므로 ㉠=**39**, ㉡=**60**입니다.

**10**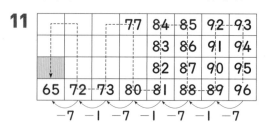

| 1 | 1 |
|---|---|
|   | 2 |

⇨ 위의 두 수를 합한 수가 아래 칸에 쓰입니다.

| 6 | 3 |
|---|---|
|   | ㉠ |

에서는 $6+3=㉠$이므로 ㉠=**9**입니다.

| 10 | 9 |
|----|---|
|    | ㉡ |

에서는 $10+9=㉡$이므로 ㉡=**19**입니다.
따라서 ㉡-㉠=$19-9=10$입니다.

**11**

|   |   | 77 | 84 | 85 | 92 | 93 |
|---|---|----|----|----|----|----|
|   |   |    | 83 | 86 | 91 | 94 |
|   |   |    | 82 | 87 | 90 | 95 |
| 65 | 72 | 73 | 80 | 81 | 88 | 89 | 96 |

$-7$ $-1$ $-7$ $-1$ $-7$ $-1$ $-7$

뒤에서부터 생각해 보면 위와 같은 방향으로 수가 **1**씩 줄어들고 있습니다.
가장 아래쪽 줄을 살펴보면 **7** 작은 수, **1** 작은 수, **7** 작은 수, ……의 규칙이 나타납니다.
따라서 아래쪽 줄의 수들은 **96**, **89**, **88**, **81**, **80**, **73**, **72**, **65**이고, 색칠한 부분의 수는 **65**에서 한 칸 더 위에 있으므로 **66**입니다.

**12** 펭귄, 곰, 여우, 펭귄이 반복되는 규칙입니다.
펭귄은 **9**, 곰은 **4**, 여우는 **7**로 하여 규칙에 따라 수를 늘어놓으면 ㉠에는 **4**, ㉡에는 **9**가 놓입니다.
따라서 ㉠+㉡=$4+9=13$입니다.

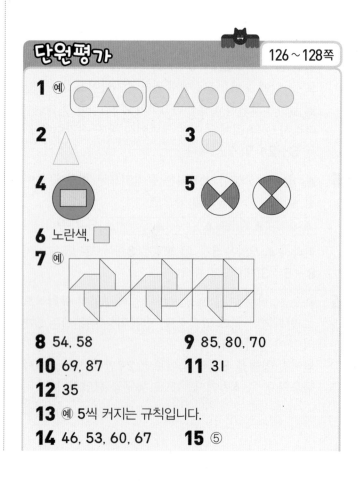

**단원평가** 126~128쪽

**1** (예) ○△▢ | ○△ ○ △

**2** △

**3** ○

**4** (원 안에 사각형)

**5** (두 개의 원)

**6** 노란색, □

**7** (예)

**8** 54, 58

**9** 85, 80, 70

**10** 69, 87

**11** 31

**12** 35

**13** (예) **5**씩 커지는 규칙입니다.

**14** 46, 53, 60, 67

**15** ⑤

**16**

| | | | | | |
|---|---|---|---|---|---|
| 47 | | | | 51 | |
| | 55 | | | | 59 |
| | | 63 | | | 67 |
| | | | 71 | | |

**17** 1, 1, 9, 1, 1, 9    **18** 3

**19** (예) 빨간색, 초록색, 보라색이 위쪽으로 1 칸씩 옮겨지면서 맨 위쪽의 색은 다음에 맨 아래쪽에 색칠되는 규칙입니다.

**20** (예) 말을 숫자로 써 보면 73, 77, 81, 85이므로 4 씩 커지는 규칙입니다.

따라서 85부터 4씩 큰 수를 쓰면 89, 93, 97이 므로 ㉠은 여든아홉, ㉡은 아흔셋, ㉢은 아흔일곱입 니다. ; 여든아홉 ; 아흔셋 ; 아흔일곱

---

**2** △, ▮, ◯이 반복되는 규칙입니다.

**3** ▮, ◯, △, △이 반복되는 규칙입니다.

**4** □ 모양의 안쪽과 바깥쪽에 노란색과 초록색을 번갈 아 가며 색칠하는 규칙입니다.

**5** 빨간색을 위쪽과 아래쪽, 왼쪽과 오른쪽에 번갈아 가 며 색칠하는 규칙입니다.

**6** • 반복되는 모양 : □, ◯
• 반복되는 색 : 노란색, 파란색, 초록색
따라서 □ 안에는 ▮ 모양을 놓아야 합니다.

**8** 48 → 50이므로 2씩 커지는 규칙입니다.
52보다 2 큰 수는 54이고, 56보다 2 큰 수는 58 입니다.

**9** 95 → 90이므로 5씩 작아지는 규칙입니다.
90보다 5 작은 수는 85, 85보다 5 작은 수는 80, 75보다 5 작은 수는 70입니다.

**10** 51 → 60이므로 9씩 커지는 규칙입니다.
60보다 9 큰 수는 69이고 78보다 9 큰 수는 87입 니다.

**11** 49 → 43이므로 6씩 작아지는 규칙입니다.
따라서 61 − 55 − 49 − 43 − 37 − 31이므로 ㉠에 알맞은 수는 31입니다.

**12** 83 → 75이므로 8씩 작아지는 규칙입니다.
따라서 83, 75, 67, 59, 51, 43, 35로 일곱째에 놓이는 수는 35입니다.

---

**13** 주황색으로 칠해진 칸에 적힌 수들은 67, 72, 77, 82, 87, 92, 97이므로 5씩 커지는 규칙입니다.

**14** 초록색으로 둘러싸인 수들은 7씩 커지는 규칙이므로 32부터 7씩 커지는 수를 씁니다.

**15** ㉠ 75    ㉡ 79    ㉢ 83    ㉣ 88

**16** 47−51−55−59……이므로 47부터 4씩 커지는 규칙입니다. 59 다음에는 63, 63 다음에는 67, 67 다음에는 71을 씁니다.

**17** 연필, 연필, 지우개가 반복되어 놓여 있는 규칙이고, 연필은 1, 지우개는 9로 나타냅니다.

**18** ▮, △, ▮, ◯이 반복되는 규칙입니다.

▮는 4, △는 1, ◯는 8로 하여 규칙에 따라 늘 어놓으면 ㉠에 들어갈 수는 1, ㉡에 들어갈 수는 4입 니다.
따라서 ㉡−㉠=4−1=3입니다.

# 6. 덧셈과 뺄셈(3)

## step 1 개념 확인하기 130~131쪽

| | |
|---|---|
| **1** 25 | **2** 47 |
| **3** (1) 39 (2) 29 | **4** (1) 57 (2) 29 |
| **5** 40 | **6** 53 |
| **7** (1) 59 (2) 69 | **8** 23, 12, 35 |

**1** 10개씩 묶음 2개와 낱개 5개이므로 25입니다.

**2** 10개씩 묶음 4개와 낱개 7개이므로 47입니다.

**5** 10장씩 묶음이 4개이므로 40입니다.

**6** 10개씩 묶음이 5개, 낱개가 3개이므로 53입니다.

## step 2 기본 유형 익히기 132~133쪽

**유형1** 25, 26, 27, 28 ; 28

**1-1** (1) 13, 14, 15, 16, 17

(2) 예

(3) 17

**1-2** 7, 39

**1-3** (1) 76 (2) 67

**1-4** 39

**1-5** 32+6=38, 38

**유형2** 21, 73

**2-1** 34, 11, 45

**2-2** (1) 99 (2) 76

**2-3** 78

**2-4**

**2-5** ㉠

**2-6** 40+40=80, 80

**2-7** 21+13=34, 34

**1-4** 4+35=39

**2-3** 43+35=78

**2-4** 30+40=70, 20+20=40, 20+60=80
30+10=40, 40+40=80, 10+60=70

**2-5** ㉠ 56+12=68   ㉡ 42+25=67
⇨ ㉠>㉡

**2-6** 두 상자에 40개씩 들어 있으므로 사탕은 모두
40+40=80(개)입니다.

## step 1 개념 확인하기 134~135쪽

| | |
|---|---|
| **1** 24 | **2** 30 |
| **3** (교차 연결) | **4** (1) 4, 0 (2) 3, 0 |
| **5** 41 | |

**6** (1) 

| | 5 | 6 |
|---|---|---|
| + | 2 | 3 |
| | 7 | 9 |

; 79

(2) 

| | 5 | 6 |
|---|---|---|
| − | 2 | 3 |
| | 3 | 3 |

; 33

**7** 예 35, 20, 55 ; 35, 20, 15

**5** 십 모형 4개와 낱개 모형 1개가 남았으므로 41입니다.

## step 2 기본 유형 익히기 136~137쪽

**유형3** 5, 41

**3-1** 31

**3-2** (교차 연결)

**3-3** 27−5=22 ; 22

**유형4** 22, 31

**4-1** (1) 63 (2) 13

**4-2** (교차 연결)

**4-3** 37−15=22 ; 22

**4-4** 36, 13, 23

**4-5** 28, 16, 12 ; 12

**4-6** 16, 5, 11 ; 11

**4-7** 28, 5, 23 ; 23

**유형5** 예 23, 44, 67 ; 44, 23, 21

**5-1** 21+2=23, 23

**5-2** 35+12=47, 47

**5-3** 57−15=42, 42

**3-2** 38−5=33, 79−7=72, 53−1=52,
76−4=72, 58−6=52, 35−2=33

**4-2** 60−20=40, 53−10=43, 97−52=45,
59−14=45, 75−32=43, 80−40=40

**1** 33, 34, 35, 36     **2** 78

**3** 19, 59     **4**

**5** ㉡

**6** ㉢     **7** 12+5=17, 17

**8** 44

**9**
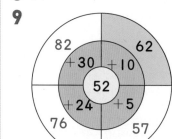
82   +30   62   +10
52
76   +24   +5   57

**10** 38    80    78

**11** <     **12** (   )( △ )( ○ )

**13** ㉑ 14, 23     **14** 30+30=60, 60

**15** 36, 23, 59

**16** 23+25=48, 48

**17**
```
   3 2
 +  1 7
   4 9
```
; 17, 30, 7

**18** ㉑ 25, 30, 55 ; 30, 43, 73 ; 25, 43, 68

**19** 6, 32     **20** 51

**21** 동민     **22** 81

**23**
74-1   76-5   78-5
75-2   73-3

**24** 21     **25** 38-7=31, 31

**26** 19-6=13, 13     **27** 23, 23, 23, 23

**28** 42     **29** ㉠

**30** 20    26    52

**31**
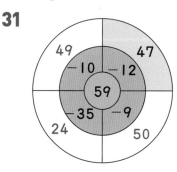
49   -10   47   -12
59
24   -35   -9   50

**32** 30, 64, 34

**33** 18-12=6, 6

**34** 24-13=11, 11

**35** 가영, 3

**36**
```
   4 8
 -  2 3
   2 5
```
; 3, 45

**37** ㉑ 26, 5, 21 ; 26, 15, 11 ; 15, 5, 10

**38** 78, 42     **39**

**40** >

**41** 49, 27, 11, 11     **42** ⑤

**43**

| | | 14+1 | 47-32 | |
|---|---|---|---|---|
| 13+2 | 15+1 | 48-32 | 48-33 |
| 14+2 | 16+1 | 49-32 | 49-33 |

**44** 35, 13     **45** 38, 51

---

**1** 더해지는 수가 같을 때 더하는 수가 1씩 커지면 합도 1씩 커집니다.

**2** 70+8=78

**3** 16+3=19, 7+52=59

**4** 50+7=57, 42+5=47, 63+2=65,
3+44=47, 5+60=65, 4+53=57

**5** ㉠ 63   ㉡ 67   ㉢ 65

**6** ㉠ 18(짝수)   ㉡ 24(짝수)   ㉢ 39(홀수)   ㉣ 46(짝수)

**8** 24+20=44

**9** 52+5=57, 52+24=76, 52+30=82

**10** • 물고기 모양 : 35+3=38
• 사탕 모양 : 60+20=80
• 배 모양 : 21+57=78

**11** 25+23=48, 37+12=49 ➪ 48<49

**12** 15+43=58, 35+21=56, 14+45=59
➪ 59>58>56

**18** • (빨간색 수수깡 수)+(파란색 수수깡 수)
=25+30=55(개)
• (파란색 수수깡 수)+(초록색 수수깡 수)
=30+43=73(개)
• (빨간색 수수깡 수)+(초록색 수수깡 수)
=25+43=68(개)

**21** 세로로 계산할 때에는 10개씩 묶음의 수와 낱개의 수를 자리에 맞춰 쓴 다음 낱개의 수끼리 빼서 낱개의 자리에 쓰고, 10개씩 묶음의 수는 그대로 내려씁니다.

**22** ㉠ 87  ㉡ 6
⇨ ㉠−㉡=87−6=81

**23** 74−1=73, 76−5=71, 78−5=73,
75−2=73, 73−3=70

**24** 25−4=21(명)

**28** 82−40=42

**29** ㉠ 34−3=31

**30** • 물고기 모양 : 40−20=20
• 사탕 모양 : 89−63=26
• 배 모양 : 57−5=52

**31** 59−9=50, 59−35=24, 59−10=49

**32** 80−50=30, 79−15=64
64−30=34

**35** 25>22이므로 가영이네 반 학생이
25−22=3(명) 더 많습니다.

**37** • (빨간색 구슬 수)−(파란색 구슬 수)
=26−5=21(개)
• (빨간색 구슬 수)−(노란색 구슬 수)
=26−15=11(개)
• (노란색 구슬 수)−(파란색 구슬 수)
=15−5=10(개)

**38** 65+13=78, 78−36=42

**39** 36+12=48, 40+10=50, 4+31=35,
65−30=35, 58−8=50, 69−21=48

**40** 27+32=59, 99−43=56 ⇨ 59>56

**41** 35+14=49, 24+3=27,
35−24=11, 14−3=11

**42** ① 48  ② 48  ③ 46  ④ 38  ⑤ 51

**43** 14+1=15, 13+2=15, 15+1=16,
14+2=16, 16+1=17, 47−32=15,
48−32=16, 48−33=15, 49−32=17,
49−33=16

**44** ▨=14+21=35
35−22=▲, ▲=13

**45** • (솔별이의 사탕 수)=21+17=38(개)
• (웅이의 사탕 수)=68−17=51(개)

---

**step 4 응용실력기르기** 144~147쪽

**1** 26

**2**
```
    7 6
 −    4
    7 2
```
예 낱개의 수는 낱개의 수끼리 빼야 하는데 10개씩 묶음의 수에서 뺐습니다.

**3** ㉡, ㉣, ㉤  **4** ㉡, ㉣, ㉢, ㉠

**5** (1) 55  (2) 40  **6** 97

**7** 42  **8** 88, 40

**9** 42  **10** 웅이, 4

**11** ㉠, ㉣  **12** (1) 6, 2  (2) 9, 1

**13** 14  **14** 4

**15** 54  **16** 퀵보드, 5

---

**1** • 34+53=87 ⇨ ▨=87
• 87−26=61 ⇨ ▲=61
• ▨−▲=87−61=26

**3** ㉠ 39(홀수)  ㉡ 56(짝수)  ㉢ 59(홀수)
㉣ 50(짝수)  ㉤ 38(짝수)  ㉥ 55(홀수)

**4** ㉠ 27+31=58  ㉡ 68−25=43
㉢ 14+42=56  ㉣ 97−46=51

**5** (1) 52+6=58이므로 3+□=58 ⇨ □=55입니다.
(2) 69−44=25이므로 65−□=25 ⇨ □=40입니다.

**6** • (9월에 모은 색종이의 수)=42+13=55(장)
• (8월과 9월에 모은 색종이의 수)
=42+55=97(장)

**7** • (아버지의 나이)=(규형이의 나이)+35

                =12+35=47(살)

   • (삼촌의 나이)=(아버지의 나이)−5

                =47−5=42(살)

**8** 만들 수 있는 가장 큰 수는 64이고, 가장 작은 수는 24입니다.

   ⇨ 64+24=88, 64−24=40

**9** 두 수의 차가 가장 크도록 하려면 가장 큰 두 자리 수에서 가장 작은 두 자리 수를 빼야 합니다.

따라서 만든 두 수의 차 중 가장 큰 수는

65−23=42입니다.

**10** 한별 : 14+21=35(권), 웅이 : 23+16=39(권)

따라서 웅이가 39−35=4(권) 더 많이 읽었습니다.

**11** ㉠ 66    ㉡ 75    ㉢ 65    ㉣ 72

**12** (1)

$$\begin{array}{r} 5\,㉠ \\ +\,㉡\,3 \\ \hline 7\ 9 \end{array}$$

㉠+3=9, ㉠=6

5+㉡=7, ㉡=2

(2)

$$\begin{array}{r} ㉠\,5 \\ -\,4\,㉡ \\ \hline 5\ 4 \end{array}$$

5−㉡=4, ㉡=1

㉠−4=5, ㉠=9

**13** □+52=67이라고 하면 67은 52보다 15 큰 수이므로 □=15입니다.

□<15이므로 □ 안에 들어갈 수 있는 수 중에서 가장 큰 수는 14입니다.

**14** 상자가 4개 있으므로 40권까지 책을 담을 수 있습니다.

(남은 책의 수)=73−40=33(권)

따라서 33권의 책을 모두 담으려면 적어도 4개의 상자가 더 필요합니다.

**15** 석기가 가지고 있는 색종이는 10장씩 묶음 6개와 낱개 17장이므로 60+17=77(장)입니다.

따라서 23장을 사용했다면 남은 색종이는

77−23=54(장)입니다.

**16** • 자전거를 타는 학생 수 : 11+13=24(명)

   • 퀵보드를 타는 학생 수 : 15+14=29(명)

따라서 퀵보드를 타는 학생이 29−24=5(명) 더 많습니다.

---

**step 5 응용 실력 높이기** | 148~151쪽 |

| | |
|---|---|
| **1** 78 | **2** 51 |
| **3** 24 | **4** 6 |
| **5** 22 | **6** 45 |
| **7** 88, 64 | |
| **8** (위에서부터) 35, 56, 34 | |
| **9** 33 | **10** 7 |
| **11** 39 | **12** 27 |

**1** ㉠이 나타내는 수는 32이고, ㉡이 나타내는 수는 46입니다.

   ⇨ 32+46=78

**2** 가장 큰 짝수 : 88, 가장 작은 홀수 : 37

   ⇨ 88−37=51

**3** 97−52=45이므로 □+22>45 ⇨ □>23입니다.

따라서 □ 안에 들어갈 수 있는 수 중에서 가장 작은 수는 24입니다.

**4** • 영수의 점수 : 95−12=83(점)

   • 효근이의 점수 : 89점

   ⇨ 89−83=6(점)

**5** 어떤 수에서 23을 더했더니 68이 되었으므로 어떤 수는 68보다 23만큼 작은 수입니다.

   ⇨ (어떤 수)=68−23=45

따라서 바르게 계산하면 45−23=22입니다.

**6** 키위는 47−6=41(개) 있으므로 과일 가게에 있는 사과와 키위는 모두 47+41=88(개)입니다.

따라서 팔고 남은 사과와 키위는 모두

88−43=45(개)입니다.

**7** 만들 수 있는 가장 큰 수는 76이고 가장 작은 수는 12입니다.

   ⇨ 합 : 76+12=88, 차 : 76−12=64

**8**

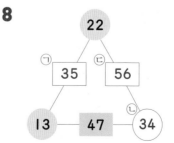

㉠=22+13=35, 13+㉡=47이므로

㉡=47−13=34, ㉢=22+34=56

**9** 영수가 처음에 가지고 있던 사탕의 수는
$30+15=45$(개)이므로 웅이가 처음에 가지고 있던 사탕의 수도 45개입니다. 따라서 웅이가 동생에게 사탕을 주고 남은 사탕의 개수는 $45-12=33$(개)입니다.

**10** • 가장 큰 수부터 차례대로 쓰면 74, 73, 70, 47, ……이므로 넷째로 큰 수는 47입니다.
• 가장 작은 수부터 차례대로 쓰면 30, 34, 37, 40, ……이므로 넷째로 작은 수는 40입니다.
⇨ $47-40=7$

**11** $34+23<\square2+16$ ⇨ $57<\square2+16$
⇨ $41<\square2$이므로 □ 안에 들어갈 수 있는 숫자는 4, 5, 6, 7, 8, 9입니다.
⇨ $4+5+6+7+8+9=13+13+13=39$입니다.

**12** • ■ $=32+24=56$
• ▲ $=56-14=42$
$42+●=69$ ⇨ $●=69-42=27$입니다.

---

## 단원평가
152~154쪽

**1** 13, 47
**2** 57, 22, 35
**3** (1) 99  (2) 63
**4** (1) 87  (2) 40
**5** 58, 32
**6** >
**7** 68, 26
**8**
**9** 예 35, 14, 49 ; 35, 14, 21
**10** 87, 31, 20, 36
**11** ㉣
**12** 예 25, 12, 37 ; 37
**13** 25, 12, 13 ; 13
**14** 98, 72
**15** 5, 2
**16** 39
**17** 14
**18** 5
**19** 예 (수요일과 목요일에 만든 종이꽃의 수)
　　　$=15+10=25$(개)
　　따라서 토요일은 수요일과 목요일에 만든 종이꽃보다 $27-25=2$(개) 더 많이 만들었습니다. ; 2

---

**20** 예 노란색 색종이는 10장씩 묶음 2개와 낱개 9장이므로 29장, 파란색 색종이는 10장씩 묶음 4개와 낱개 5장이므로 45장입니다. 따라서 사용하고 남은 노란색 색종이는 $29-13=16$(장)이고 사용하고 남은 파란색 색종이는 $45-32=13$(장)이므로 노란색 색종이가 $16-13=3$(장) 더 많이 남았습니다.
; 노란색, 3

**5** • 합 : $13+45=58$
• 차 : $45-13=32$

**6** $25+31=56$, $79-24=55$
⇨ $56>55$

**7** $50+18=68$, $68-42=26$

**8** • $20+40=60$
• $49-2=47$
• $52+21=73$

**10** $30+57=87$, $10+21=31$
$30-10=20$, $57-21=36$

**11** ㉠ 43  ㉡ 58  ㉢ 45  ㉣ 40
⇨ ㉡>㉢>㉠>㉣

**14** 가장 큰 수 : 85, 가장 작은 수 : 13
따라서 두 수의 합은 $85+13=98$이고
두 수의 차는 $85-13=72$입니다.

**15**
$$\begin{array}{r} ㉠\,4 \\ +\ 2\,㉢ \\ \hline 7\,6 \end{array}$$
$4+㉡=6$, $㉡=2$
$㉠+2=7$, $㉠=5$

**16** $32+7=39$(명)

**17** (땅콩의 수)$-$(호두의 수)
$=39-25=14$(개)

**18** 석기는 사탕 28개에서 12개를 친구에게 주었으므로
사탕은 $28-12=16$(개) 남았습니다.
또, 사탕 11개를 먹었으므로 남은 사탕은 모두
$16-11=5$(개)입니다.

정답과
풀이